本书编委会

主　　　编　黄长强

副　主　编　唐上钦　杜海文　韩　统

编写组成员　曹林平　赵　辉　王　勇　丁达理

　　　　　　翁兴伟　黄汉桥　程　华　侯洪宁

无人飞行器作战系统与技术丛书

无人作战飞机内埋式
导弹发射技术

黄长强　唐上钦　杜海文　韩　统　编著

国防工业出版社

·北京·

内 容 简 介

本书系统阐述了无人作战飞机内埋式导弹发射前的弹舱流场特性和机理，发射初始弹道的理论建模和数值计算方法，发射时的燃气射流冲击和弹舱流场噪声，流场综合控制仿真方法等内容。

本书可供无人飞行器机载武器系统及相关专业本科高年级学生和研究生学习参考，同时也适合从事无人作战飞机武器系统、机载导弹内埋式发射技术研究、开发和教学等参考。

图书在版编目(CIP)数据

无人作战飞机内埋式导弹发射技术/黄长强等编著.— 北京：国防工业出版社，2014.7
（无人飞行器作战系统与技术丛书）
ISBN 978-7-118-09555-5

Ⅰ.①无...　Ⅱ.①黄...　Ⅲ.①歼击机－导弹发射－研究　Ⅳ.①V271.4

中国版本图书馆 CIP 数据核字(2014)第 137074 号

※

国防工业出版社出版发行

（北京市海淀区紫竹院南路 23 号　邮政编码 100048）
天利华印刷装订有限公司印刷
新华书店经售

*

开本 710×960　1/16　印张 14¼　字数 251 千字
2014 年 7 月第 1 版第 1 次印刷　印数 1—2800 册　定价 65.00 元

(本书如有印装错误,我社负责调换)

国防书店：(010)88540777　　发行邮购：(010)88540776
发行传真：(010)88540755　　发行业务：(010)88540717

前　言

　　无人作战飞机是一种能完成压制防空、实施对地轰炸与攻击、执行对空作战任务的空中无人作战系统。无人作战飞机的发展源于战争形态、作战模式的发展和高新技术在军事装备上的广泛应用,是现代政治、军事需求与科学技术发展到信息时代的产物,也是在无人机、有人作战飞机基础上向更高技术和更高作战能力方向深入发展的一种全新武器系统。无人作战飞机作为信息化武器装备的产物,在战争中所发挥的作用越来越重要,已成为世界各军事强国的重点发展方向。

　　从各国无人机的发展趋势上看,无人作战飞机正朝着高隐身、超机动能力和高超声速飞行方向发展,机载武器内埋装载将是先进无人作战飞机的共同特点。相对于导弹外挂方式,导弹内埋式挂载的优势:一是减小武器外挂附加阻力,易于实现载机的高速飞行;二是有利于减小无人作战飞机 RCS 值,提高对雷达的隐身能力;三是可以保证气动外形,有利于提高无人机升阻比,改善气动性能;四是减少外挂武器与机体相互干扰,提高飞行稳定性。但是,机载导弹内埋挂载在导弹发射时将产生复杂的流场干扰,可能导致导弹不能安全发射、降低导弹命中精度等后果,这些问题的解决就需要对导弹内埋发射的机弹相容性问题进行研究。因此,对基于内埋弹舱的新一代导弹发射技术进行研究,具有重大的理论意义和现实意义。

　　内埋式导弹发射技术包含的研究内容比较宽广,如导弹内埋发射前的流场研究、导弹内埋发射后的弹道研究以及对弹道和流场的控制研究等。对内埋弹舱流场的稳态压力特性和流动机理进行研究,为导弹发射前的运动趋势分析和稳态流场控制提供依据;对内埋弹舱流场噪声的特性和产生机理进行研究,得到内埋弹舱流场噪声产生的特殊机理,为内埋弹舱结构的噪声预测和控制提供理论支持;对内埋弹舱流场干扰下导弹内埋发射初始弹道、气动/运动耦合情况进行研究,建立弹道理论分析模型,进行相关数值解算,为导弹内埋发射的安全性设计提供理论依据;对内埋弹舱流场干扰下导弹发射初始弹道控制和流场控制进行研究,为相关的最优化数值计算提供仿真方法。本书立足于上述研究内容,在作者多年研究的基础上,参考国内外相关文献编著而成。

全书共 7 章,分别从无人作战飞机内埋式导弹发射需求分析、无人作战飞机内埋式导弹发射前的流场和受力分析、无人作战飞机内埋式导弹发射初始弹道理论建模、无人作战飞机内埋式导弹发射初始弹道数值计算方法、无人作战飞机内埋式导弹发射时燃气射流冲击分析、无人作战飞机内埋弹舱流场噪声分析、无人作战飞机内埋式导弹发射及其流场综合控制仿真方法等方面进行论述。

　　本书由空军工程大学教授黄长强任主编,唐上钦、杜海文、韩统任副主编,曹林平、赵辉、王勇、丁达理、翁兴伟、黄汉桥、程华、侯洪宁、唐传林、封普文、肖红、罗畅、董康生、国海峰、蔡佳、李牧东、蚩军翔、蔡亚伟、任洋、焦朋勃、刘长龙、黄康强、王骁飞等参加了全书的撰写和修改。在此,对为本书付出辛勤劳动的同志们致以衷心的感谢,同时向本书引用参考文献的各位作者表示诚挚的谢意。

　　尽管作者在本书的写作过程中投入了大量的时间和精力,但由于编著者水平有限,错误和不妥之处在所难免,敬请同行专家和广大读者予以指正。

目　录

第1章 无人作战飞机内埋式
导弹发射需求分析

本章从无人作战飞机的基本概念入手,介绍无人作战飞机的发展历程和发展趋势,以及当前典型无人作战飞机的性能特点,可知无人作战飞机导弹内埋装载和发射将成为其发展趋势。分析无人作战飞机内埋式导弹发射的过程,无人作战飞机内埋式导弹发射技术的研究内容和研究方法,分析对无人作战飞机内埋式导弹发射技术进行专门研究的必要性和紧迫性。

1.1 无人作战飞机概述

1.1.1 无人作战飞机的基本概念

无人作战飞机(Unmanned Combat Aerial Vehicles,UCAV)是一种能完成压制防空、实施对地轰炸与攻击、执行对空作战任务的空中无人作战系统。大体上看,它可分为无人战斗机、无人攻击机和无人轰炸机三大类。在无人机(Unmanned Aerial Vehicles,UAV)体系内无人作战飞机是集目标探测、识别和作战功能于一体的无人机系统。无人作战飞机的最大特点是可以进行目标打击,无人作战飞机是无人机用于军事领域的发展趋势和重要的发展方向[1,2]。

目前,无人作战飞机一般采用人在回路的控制方式,由指挥中心来控制无人机,或者由有人战斗机上的飞行员操纵,执行对地攻击和空战任务。无人作战飞机是无人机的重要分支,是将无人机武器化,即把武器系统加装或综合到一个原来主要用于情报、监视和侦察的无人机系统中,形成具有攻击能力的无人机[3-5]。即为了增强无人机的生存能力和作战使用性能,在作为传感器平台而设计的无人机上加装了防御或进攻性武器而组成。而无人作战飞机在设计之初就是作为机载武器的发射平台,因此,无人作战飞机上的飞控、火控等系统主要用于对目标的搜索、识别和跟踪等功能,并通过机载武器系统发射载机携带的武器。

无人作战飞机上用以攻击、摧毁目标的制导装备称为无人作战飞机机载制导武器系统。装备有机载制导武器系统是无人作战飞机的主要特征。无人作战

1

飞机机载制导武器系统由机载武器弹药、火力/飞行控制系统和悬挂/发射等装置组成。其作用是对目标进行探测、识别、跟踪、瞄准和攻击。无人作战飞机机载制导武器系统的性能直接决定无人作战飞机的作战能力。无人作战飞机的武器装备根据所执行的任务大致可分为对地攻击武器、对空作战武器和激光、微波等定向能武器[6]。

美国军方提出无人作战飞机是一种真正的作战飞机,在使用中具备有人驾驶飞机的便捷性,而不是一种智能巡航导弹,可以执行对敌防空体系进行压制的任务和执行空中作战任务,无人作战飞机从起飞到着陆完全自主,只是在瞄准、武器发射和毁伤效能评估方面需要有人参与。同时,无人作战飞机可以实施杀伤性攻击任务和非杀伤性的情报、监视和侦察任务[7,8]。美国军方对无人作战飞机提出的要求从另一个角度说明了无人作战飞机应该具备的特性。

美国国防部在《2005 年—2030 年无人机发展路线图》中,将开发无人作战飞机列为首位,并将其作为实施网络中心战(Network Centric Warfare,NCW)的关键节点(图 1.1),并指出无人作战飞机的发展将对未来作战模式产生重大影响[9]。在网络中心战框架下无人作战飞机的特性将扩展为:①具备一机多用的能力,无人作战飞机必须是集传感器系统、武器系统和通信系统为一体的多任务平台;②具备侦察和作战支持能力,无人作战飞机应具有高精度的战场侦察和监视能力,并具备对目标的识别、跟踪和快速定位能力,作为网络中心战的一个节点在多维战场实现快速态势感知和信息共享;③具备多种攻击能力,无人作战飞

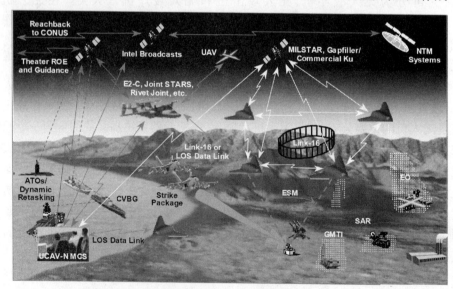

图 1.1 无人作战飞机参与的网络中心战示意图

机应能够根据自身获取或网络获取的战场信息,运用武器系统对地面或空中目标进行打击,或者进行电子干扰等软杀伤;④无人作战飞机还应能够兼顾战场毁伤效能评估,通过网络中不同层次节点的配合提高毁伤评估效果[10]。

现代战争已成为高技术战争,在近几次局部战争中,作战方式逐渐表现出"非对称""非接触""信息战""网络化"等特点。无人作战机在战争中所发挥的作用越来越重要,已经成为现代战争不可替代的空中力量。

无人作战飞机与有人驾驶的作战飞机相比具有以下特点:

(1)作战效费比高。随着隐身技术、新材料技术、微电子技术、计算机与信息处理、通信和网络等高技术的迅速发展,使得无人作战飞机的作战效能大大提高。与有人驾驶的作战飞机相比,无人作战飞机不但可以在整个战场进行巡航飞行,还有着其他预警手段缺少的能力,即实时攻击能力。新材料技术和隐身技术的应用,使无人作战飞机能突入目标上空实施侦察。光电、红外和合成孔径雷达等先进传感器的使用,使无人作战飞机对目标的分辨力进一步提高,一旦发现目标,无人作战飞机可使用携带的弹药对目标实施实时的精确打击,大大削弱了目标的机动规避能力,提高了作战效能。

另一方面,据统计,在有人驾驶的战斗机上,飞行员支持系统占飞机有效载重的15%左右,与飞行员相关的救生和电子支援系统占飞机总费用的50%左右。由于无人作战飞机上没有驾驶员,可以省去人机接口和生命保障系统,使得无人作战飞机的体积更小、结构更加简单。据计算,性能相同的无人作战飞机和有人驾驶的作战飞机相比,尺寸可减小约40%。它的设计制造、战场使用和维护费用都大大降低,无人作战飞机的单价只有同级有人驾驶飞机的30%左右,使用费用只有25%左右。因此,无人作战飞机攻击每个目标的成本要低于有人驾驶飞机。

(2)机动性高和隐身性好。由于人的生理原因,新型战斗机的最大过载一般为 $10g$,无人作战飞机在技术上无须考虑驾驶员的生理极限,其最大过载可超过 $20g$,这个过载水平可以提供给无人作战飞机更好的机动性能,从而更好地躲避空空导弹,在作战中具有更好的生存能力[11]。同时,由于无人作战飞机取消了座舱,即去掉了一个大的雷达发射体,具有固有的低可探测目标特性;非必要时采用被动探测雷达,选择高隐身进气道和尾喷管(如内壁涂附吸波材料的双 S 弯进气道等),飞机的三大散射源(座舱、雷达、进/排气管道)雷达散射截面(RCS)得以消除或有效抑制,因此无人作战飞机的其 RCS 值小于有人驾驶战斗机。小的发动机可以降低红外辐射,因此无人作战飞机将具有更好的雷达和红外隐身性能。

(3)作战任务多样性。随着信息技术的不断发展,无人作战飞机的综合集成度不断提高,逐渐发展成为多作战任务平台。无人作战飞机成为飞机、传感器、武器、发射与回收装置、通信系统、指控系统的融合体。这给无人作战飞机赋予了新的使命和功能,无人作战飞机必将摆脱过去单一侦察或作战模式,未来的无人作战飞机是一种集侦察、监视和攻击等能力于一身的作战平台,使无人机系统通过空中、海上或陆地平台的实时控制或自主控制,实现多机种无人机相互协同作战,除完成情报搜集、侦察、监视和电子干扰等任务外,还可以利用其高隐身性、机动性,以及滞空时间长等优点,在战争开始时尽可能地接近目标,运用携带的精确制导武器对敌方目标实施精确打击。毋庸置疑,无人作战飞机将非常适合于在高风险区域进行侦察和监视任务,更可成为"发现即打击"和突防打击的"杀手锏"而不必考虑人员的伤亡情况。

1.1.2 无人作战飞机的发展历程和发展趋势

无人作战飞机的发展源于战争形态、作战模式的发展和高新技术在军事装备上的广泛应用。现代战争已成为高技术战争,无人作战飞机已经成为现代战争中不可替代的空中力量。2003 年的伊拉克战争中,美英两国使用了 10 多种无人机,从大型的高空远程"全球鹰"、中高空远程"捕食者",到各种小尺寸的短航程无人机,其承担的任务也呈现多样化。

无人机具有机动灵活、续航时间长(长航时无人机)和"零伤亡"的特点,能够收集比较完整、详细的情报信息,提高战场态势的感知能力,是未来网络战中获取和保持信息优势的重要手段。无人作战飞机的出现拓展了无人机在战争中的作用和角色,无人机不仅能执行战场侦察、监视和毁伤评估等任务,而且能压制对方防空系统,实施对地攻击,甚至对空作战,是"非接触"作战的重要手段。

在无人机的开发和作战应用方面美国和以色列走在了前列,自 20 世纪 60 年代开始,美军就大量使用无人机,当时主要用于靶机、诱饵、照相侦察、电子对抗、目标指示、通信中继等,最著名的"火蜂"系列无人机曾大量参加越南战争[12]。

此后的 1982 年 6 月贝卡谷地之战中,以色列的"哈比"(Harpy)无人机(图 1.2)在战斗中发挥了不可替代的作用。"哈比"无人机是一款反辐射无人机,它既是飞机又是导弹,能够自动搜索、识别目标并对其实施攻击。"哈比"无人机的气动布局采用小展弦比三角翼的无平尾式布局,前部装有被动雷达导引头,中部装有导航系统和战斗部,后部装有一台双冲程双缸活塞发动机,通过两叶螺旋桨推进,航程可达 500km,续航时间为 2h。通过前部的被动雷达导引头,"哈比"无人机可以对敌方雷达辐射的电磁波信号进行截获、分选、判断从中识别出预先存储的目标信号,然后进行跟踪并摧毁敌方地空导弹和雷达。美国与以色列合作研制了"哈比"无人机的改进型"短剑"(Cutlass),称为战术目标定位和攻击无人机系统,其改进包括安装 AIM – 9X"响尾蛇"空空导弹的红外导引头和自动目标识别系统,可以用来攻击空中目标,从而提高了"哈比"无人机的空战能力。

图 1.2　"哈比"和"短剑"无人机
(a) 哈比;(b) 短剑。

从 1991 年第一次海湾战争开始,无人机在战争中的使用变得更加频繁,执行的任务范围也逐步扩大。

2000 年 11 月,RQ – 1A"捕食者"无人机进行了 AGM – 114"海尔法"激光制导导弹的发射试验,导弹直接击中目标。2001 年 10 月,美军在阿富汗战争中用"捕食者"无人机向塔利班部队发射了"海尔法"空地导弹,成为无人机使用精确制导武器实施对地攻击的首次实战,标志着无人机在战场上的地位和作用发生了重要转变,即由辅助作战手段转向基本作战手段,从而拉开了无人机向无人作战飞机过渡的帷幕。特别是 2002 年 11 月 3 日,在也门西部地区,美军一架"捕食者"无人机发射的"海尔法"导弹将"基地"头目哈里斯与其几名手下全部予以歼灭后,美军更是热衷于发展无人作战飞机[13]。

RQ – 1A"捕食者"无人机是美国通用原子公司 1994 年为美国空军研制成功的中空长航时无人机,1995 年 6 月服役。该无人机长 8.2m,翼展 14.63m,机高 2.143m,巡航速度 160km/h,实用升限 7925m,巡航时间达 60h,空重 544.8kg,有效载荷 204kg。机上装备有光电摄像机、红外成像仪和合成孔径雷达,主要执行空中监视侦察和目标捕捉任务。随后,通用原子公司对"捕食者"无人机进行了改装,以多光谱目标瞄准系统取代合成孔径雷达。经过改进,"捕食者"无人机可以装备"海尔法"反坦克导弹和空空"毒刺"导弹,因而具备了导弹攻击能力,摇身变成了 MQ – 1A 无人作战飞机(图 1.3(a)),并参加了伊拉克战争。在此基础上,该公司生产了 MQ – 9"死神"无人作战飞机(图 1.3(b)),该无人作战飞机翼展约20m,与A-10攻击机尺寸相当;可携带质量约2000kg的武器,比"捕食者"的载重能力高10倍;最大飞行速度460km/h,比"捕食者"快2倍;可以持续备战飞行15h;空载时巡航飞行高度达15000m,满载时巡航飞行高度达9000m。"死神"无人机主要机载武器包括2枚GBU-12激光制导炸弹和4枚AGM-114"海尔法"空地导弹,并可以配备"响尾蛇"空空导弹[14]。此外,还可以携带227kg的联合直接攻击弹药和113.5kg的小直径炸弹。这些GPS制导武器使其在恶劣天气下也可精确打击目标。

(a)   (b)

图1.3 "捕食者"和"死神"无人作战飞机
(a)"捕食者";(b)"死神"。

美军现役的主要无人机根据质量和飞行高度两项参数比较如图1.4所示。分析可知,"捕食者"和"死神"无人作战飞机属于中型无人机,处于无人机系统发展的高端类型。两型无人作战机在实战中展示了其对地攻击能力,有资料显示,美军将在此基础上重点发展其对空攻击能力,并把相关技术应用于后期发展的新型无人作战飞机上。

我国在2011年的第49届巴黎航展上首次展出了"翼龙"无人机模型,该无人机不仅具备对敌目标进行精确打击的能力,还能够携带侦察设备对敌方目标进行远距离长航时侦察,总体性能已经达到了国际上同类型无人机的先进水平。在2012年珠海航展上"翼龙"无人机真机系统首次亮相(图1.5)。"翼龙"无人机是由中航工业研制的一种中低空、军民两用、长航时多用途无人机。它装配一台活塞发动机,具备全自主平轮。"翼龙"无人机可携带各种侦察、激光照射/测距、电子对抗设备及小型空地打击武器,可执行监视、侦查及对地攻击任务等任务。

随着无人机技术的不断发展,拥有高机动性、隐身性、高速性能和综合智能化控制性能已经成为当今无人作战机发展的趋势。同时无人机在战场上的使用不再局限于单纯地执行军事侦察、监视、搜索和目标指示等非攻击性任务,而是朝着具备对地攻击和空战能力发展。根据《2009—2047美国空军无人机系统飞行计划》的内容可知,美军无人作战飞机发展趋势如图1.6所示。

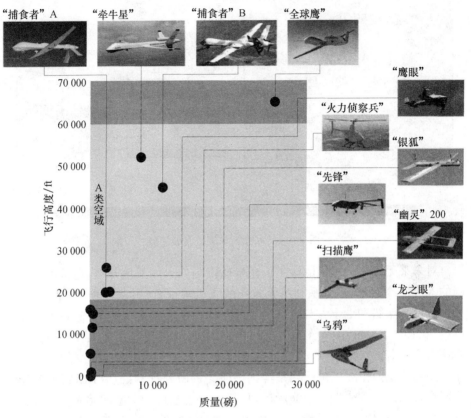

图 1.4 美军现役的主要无人机

图 1.5 "翼龙"无人机

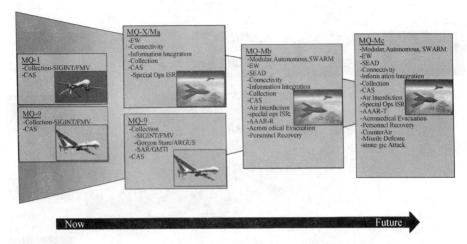

图 1.6　美军无人作战机发展趋势

  对未来无人作战飞机的研制正在全球范围如火如荼地开展,包括由美国研制的 X - 45、X - 47 两个系列的无人作战飞机验证机;由法国领导,瑞典、意大利、西班牙、希腊和瑞士参与研制的"神经元"(Neuron)无人作战飞机;由英国研制的"雷神"(Raven)无人作战飞机;由俄罗斯研制的"鳐鱼"无人作战飞机和由我国自主研制的"暗剑"无人机。

  X - 45 无人作战飞机计划是美国国防先进研究计划局(DARPA)和美国空军联合提出的一项先期概念演示计划,其主要任务是用来验证无人作战飞机的技术可行性,更快、更高效地应付 21 世纪的全球突发性事件[15]。X - 45 无人作战飞机具有低探测、维护方便、执行任务效费比高等诸多优点,首批 12 架 X - 45 于 2008 年具备初始作战能力,最新型号 X - 45C 如图 1.7(b)所示。

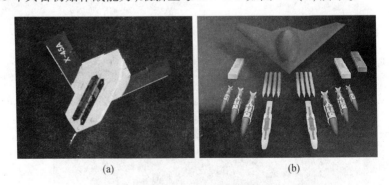

(a)　　　　　　　　　　　　(b)

图 1.7　X - 45A 和 X - 45C 无人作战飞机

(a) X - 45A; (b) X - 45C。

X-47B无人作战飞机(图1.8)是一架试验型无人作战飞机,由美国国防技术公司诺斯罗普·格鲁曼公司开发。X-47无人作战飞机项目开始于国防高等研究计划署的J-UCAS计划,现在已经是美国海军旨在发展舰载无人飞机的UCAS-D计划的一部分[16]。X-47B无人作战飞机于2011年首飞,并在2013年成功完成了一系列的地面及舰载测试。2013年5月14日,X-47B无人作战飞机成功进行从航空母舰上的起飞测试,并于1h后降落马里兰州帕杜克森河海军航空站。

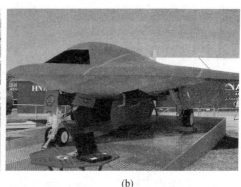

(a)   (b)

图1.8   X-47B无人作战飞机

X-47B无人作战飞机具备高度的空战系统,可以为美军执行全天候的作战任务提供作战支持。X-47B无人作战飞机首先考虑应该具备良好的隐身性能和战场生存能力;其次考虑该型机将可以携带各种传感设备和内部武器装备载荷,可以满足未来联合作战、网络作战的需求;再次该型机还应当能够进行空中加油,以提高战场覆盖能力和进行远程飞行。

X-47B无人作战飞机采用无尾翼、三角形机身布局,是按照B-2隐形轰炸机外形缩小一定比例设计的,尺寸与F-18"大黄蜂"战斗机相当。X-47B无人作战飞机有远程侦察型和攻击型两种基本型号。后者拥有强大的对地打击能力,有效载荷高达4500磅。武器配置方面,设计者计划为其搭配小直径制导炸弹。尽管并不强调空战能力,但X-47B无人作战飞机仍可使用先进中程空空导弹打击空中目标。此外,它还有望获得空中加油能力,从而将滞空时间延长到50h以上。

典型无人作战飞机的性能参数对比如表1.1所列。

表 1.1　典型无人作战飞机参数对比

性能参数 \ 机型	MQ-1B	MQ-9	X-45C	X-47B	"神经元"
机长/m	8.13	11	11	11.63	10
翼展/m	14.85	20	14.6	18.92	12
最大巡航速度(km/h)	240	460	1040	1100 (高亚声速)	980
实用升限/m	7924	15000	12000	12190	10000
航程/km	3700		2400	3889	800
最大起飞重量/kg	2900	4536	16000	20215	7000
装载武器质量/kg	340	1360	2040	2000	400
武器装载方式	两侧机翼外挂	两侧机翼外挂	两个内埋武器舱	两个内埋武器舱	两个内埋武器舱

在无人作战飞机武器系统方面,X-45 和 X-47 无人作战飞机都具有较强的装载,使用各种空地、空空制导武器的能力,并已经进行了演示验证。2002 年两架用于防空压制的 X-45A 无人作战飞机在完成独立飞行后进行了编队飞行,并进行了精确制导武器的投放试验。X-45A 无人作战飞机的机身右侧设有武器舱,而 X-45B 和 X-45C 无人作战飞机的机身两侧都设有武器舱,可以装载重 450 kg 的联合直接攻击弹药,也可以安装一个多用途挂弹架,挂装多种武器,包括 6 枚 110kg 的炸弹、小型空射诱饵弹和低成本自主攻击系统。X-47B 舰载无人作战飞机可以携带 1800kg 的内埋武器。无人机携带武器载荷的能力越来越强,可携带的武器装备种类也越来越多。

从各国未来无人作战飞机的发展趋势可知,飞翼气动外形和武器内埋装载是各型无人作战飞机的共同点,这是无人作战飞机追求高隐身性、高速性和高机动性共同决定的结果[17]。采用飞翼布局和武器内埋设计模式突出的优点有以下两方面:

(1) 有利于减小 RCS 值,提高对雷达的隐身能力。实践证明,高隐身是提高飞机生存力最有效的方法之一。降低无人作战飞机的 RCS 值可以降低其被发现概率、被跟踪概率以及被击中的概率,从而大幅度提高无人作战飞机生存力和作战效能。

飞机的 RCS 值是由飞机上许多局部散射源决定的。这些散射源分布在飞机机体的各部分,是一个三维的分布。飞机主要散射源有如下 5 种:

① 镜面反射,如机身侧面、外挂架、垂直尾翼等产生的反射;

② 边缘散射,如机身机翼及尾翼的连接处以及翼面前后缘等,飞机表面不连续处引起的散射;

③ 尖顶散射,如机头前端、空速管、副油箱前端等处引起的散射;

④ 凹腔体散射,主要为座舱、进气道、尾喷管等处产生的很强的散射;

⑤ 蠕动波散射,入射波经过物体后部又传播到前面来形成的散射,各种外挂物可能对一定波长的雷达产生这种散射。

由于无人作战飞机取消了座舱,非必要时采用被动探测雷达,选择高隐身进气道和尾喷管,则飞机的三大散射源(座舱、雷达、进/排气管道)的 RCS 值得以消除或有效抑制。此时,飞机的气动外形设计就成为进一步制约其隐身性能提高的关键。飞机的垂尾、鸭翼及平尾等各个翼面的棱边及平尾与垂尾之间的夹角都是很大的雷达散射截面部位。飞翼布局由于没有垂尾和平尾等安定面,外形简洁,雷达波散射源少,因此,更容易提高对雷达的隐身能力。武器外挂将会增强雷达波的镜面反射和蠕动波散射,将会增大载机的 RCS 值。据报道,在武器外挂条件下 F - 22 战斗机的 RCS 值与 F - 16 战斗机相当,可达 3 ~ $4m^2$,而在武器内埋条件下 RCS 值仅为 $0.01m^2$,在武器外挂情况下其隐身性优势然荡然无存。

由此可见,飞翼布局结合武器内埋在实现高隐身性能方面具有极其突出的优势。飞翼式布局很容易实现翼身融合,融合后的机翼/机身一体化布局内部空间很大,有利于各种机载设备实现最优化的总体布置,同时也为武器内埋提供了更加宽裕的空间。尤其是将所有武器内埋,还能大大降低 RCS 值,从而进一步提高隐身性。

(2) 有利于达到高空、高速性能。一般的战斗机浸润面积比为 4 ~ 5,而飞翼式布局没有平尾、垂尾等安定面,浸润面积比为 2 ~ 3。浸润面积比直接影响飞机的亚声速零升阻力系数,一般的战斗机零阻系数约为 0.017,而飞翼式布局的战斗机亚声速零阻系数约为 0.009。在同等的展弦比条件下,飞翼式布局明显具有较高的升阻比,最大升阻比约为正常布局的 1.4 倍。由于飞翼布局无平尾、垂尾等安定面,会减少结构质量,更易达到高速性能。并且,结构质量在总起飞质量中所占比重小,有效载荷的比重就可以增大。经过翼身融合后,内部空间也大,可将有效载荷内埋。有效载荷能力标志着飞机能携带弹量多少,与打击作战效能相关。武器外挂的阻力可占飞机巡航阻力的 30%,武器内埋可以保证气动外形,更有利于无人作战飞机达到高速飞行性能。

1.2　无人作战飞机内埋式导弹发射过程分析

为了满足无人作战飞机高隐身、高速和高机动性等要求,无人作战飞机普遍采用导弹等武器内埋挂载方式。但在导弹内埋挂载方式下,导弹发射时弹舱门必须打开,由此造成对无人作战飞机气动外形的改变,形成带有舱体结构的外形,导致在亚、跨、超声速飞行条件下,气流流过内埋弹舱形成极其复杂的流场结构,对导弹发射造成非常复杂的影响。导弹从内埋弹舱发射分离的初始阶段均处于复杂的干扰流场中,使导弹与载机分离的运动特性跟在均匀流场中大不相同。可能导致导弹不能安全发射、降低导弹命中精度和导弹发射后与载机碰撞等严重后果,这些都与载机安全和导弹作战效能密切相关。对导弹内埋发射条件下发射技术进行研究,可以为这些问题的解决提供理论依据。

内埋式导弹发射技术与导弹的类型和使用过程息息相关,即不同类型的导弹会要求有不同的使用方法,从而产生不同的发射问题。下面以典型的雷达制导和红外制导导弹的使用过程为例,分析内埋式导弹的发射过程和内埋式导弹发射技术的主要研究内容及研究方法。

无人作战飞机导弹内埋装载和发射需要使用相应的悬挂及发射装置。根据无人作战飞机的作战需求和自身空间、结构等方面的特点,将配备伸缩式发射装置,对不同类型导弹采用导轨式发射方式和弹射式发射方式。

对发射装置来说,最主要的功用是在发射导弹时能克服载机流场的干扰作用和发射环境的有害影响,保证导弹能够安全、合格地发射离机。安全是指导弹从发射装置上发射分离时,对载机、发射装置和邻近的其他武器不发生碰撞、损坏和有害影响;合格是指导弹从发射装置上发射分离时,要满足导弹制导、分离姿态和弹道的要求。

伸缩式发射装置在悬挂和运载导弹时将导弹内埋在机身弹舱内,而发射导弹时其伸缩机构能够将导弹伸出机身外实施发射[18]。其优点是:载机装挂导弹后能达到"保形"和降低雷达反射面积的目的,从而减少对飞机性能的影响。但是也面临着伸缩式发射装置结构较复杂,导弹发射时安全离机和获得预定的满足制导及弹道要求的姿态等一系列技术问题。

导弹发射方式是指导弹脱离载机前的约束形式和脱离约束的作用力方式。采用伸缩式导弹发射装置时,导弹脱离约束作用力的方式主要有导弹发动机推力和发射装置弹射作动力两种。因此,对应着导轨式和弹射式导弹发射方式。图1.9为某型飞机上的导轨式内埋导弹伸缩发射装置。这类发射装置一般体积较小,可以安装在侧武器舱,并且使用此种发射装置,在导弹发射前已经伸出弹舱外,可配合先截获后发射的导弹使用。

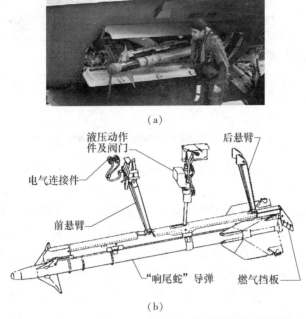

(a)

(b)

图1.9 某型飞机上的导轨式内埋导弹伸缩发射装置

这类发射装置的特点是具有一条或一组导轨,导弹在发射离机前的滑行过程中,运动受到轨道的约束和引导,离机时能确定和控制导弹的初始飞行方向,因而具有良好的初始定向性能。导轨式发射装置按导轨轨道的数量和长度分为单轨型也称顺序离轨型和双轨型。也称同时离轨型单轨型发射装置是导弹在导轨中滑行时弹上滑块按先后顺序依次从同一条导轨中滑离导弹。单轨型发射装置一般导轨较长,导弹离轨时的飞行速度也较大,但导弹最后一个滑块离轨时可能产生"低头"或"偏头"现象。因此,单轨型发射装置多与弹体细长且质量较轻的导弹配合使用,常用于红外格斗型空空导弹,如美国"响尾蛇"系列导弹。

双轨型发射装置是导弹在导轨中滑动时弹上滑块从不同轨槽中同时滑离导轨,可以避免发生导弹可能出现的"低头"现象,这类发射装置一般安装于主内埋弹舱,用于中型空空导弹。图1.10为某型飞机上的弹射式内埋导弹伸缩发射装置。

弹射式发射装置的能源为高压冷气或抛放弹产生的高压燃气。采用抛放弹作能源的发射装置的优点是结构简单、体积小、能量大;缺点是燃气对弹射构件腐蚀严重。高压冷气方式的安全性高,但附属设备体积大,且提供的压力低。为

 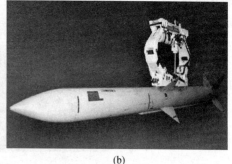

(a)   (b)

图 1.10 某型飞机上的弹射式内埋导弹伸缩发射装置

了克服以上两种方式的不足,出现了一种液压式弹射方式,将传统方式产生的高压气体作为启动能源,用于驱动液压作动系统完成导弹的弹射发射。

导弹悬挂发射装置在导弹挂飞期间,要实现导弹在载机上的安全挂载,并保证导弹正常可靠地随机飞行,提供导弹所需的各种能源和实现飞机和导弹间的电气交联并传输各种信息。在导弹发射的过程中,要实现按规定的发射方式保证导弹能安全合格地发射离机,按预定的战术实用要求完成导弹发射全过程。

一般来讲,以上两种导弹内埋式发射方式分别对应近距红外制导导弹和中远距雷达制导导弹。每一种导弹在使用时都要经过挂飞阶段、发射阶段、程控阶段和截击目标阶段。对于主动雷达制导的中远距空空导弹还要在程控阶段后经历中制导阶段、中末制导交接段和末制导阶段方可转入截击目标阶段。

1.3 无人作战飞机内埋式导弹发射技术研究内容分析

内埋式导弹发射一般需要满足三个条件:①导弹在舱门开启情况下与载机的气动相容性;②导弹发射的安全性,即初始弹道的特性;③导弹发动机燃气射流与载机的相容性。以上三个条件对应着内埋式导弹发射的三个方面主要研究内容。

从导弹发射阶段开始到程控阶段结束称为导弹的初始弹道。导弹的各弹道阶段是首尾相接紧密联系的,初始弹道阶段导弹的运动轨迹和姿态等将直接影响载机的安全和随后导弹各运动阶段的弹道参数。导弹内埋式发射方式下,弹道初始阶段导弹处于从内埋弹舱穿越载机干扰流场的阶段,流场气动参数变化剧烈,导弹的气动特性不确定性大,因此,导弹初始弹道是导弹内埋发射技术的重要研究内容。

导弹发射过程包括发射准备阶段和发射阶段。发射准备阶段的工作项目和顺序由导弹发射准备程序规定,主要包括[19]:给导弹供电、加温、制冷;控制导弹对目标的搜索、截获和跟踪;完成对准、调谐以及自检等。导弹经过发射准备阶段以后,给出"导弹准备好"信号。发射阶段是不可逆程序,其工作项目及顺序由导弹发射程序规定,主要包括启动弹上电源并转为弹上供电、解锁及发动机点火、导弹电气分离、发射离机等。图1.11为红外制导导弹发射控制流程。

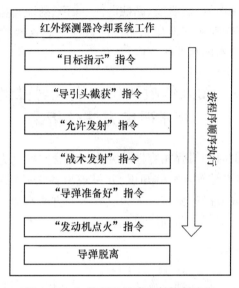

图1.11　红外制导导弹发射控制流程

当飞行员按压导弹发射按钮后,载机向导弹发送"战术发射"指令,导弹在"战术发射"指令的控制下,导弹舵面归零并开始转入自身电池供电,在导弹自身电池供电的电压稳定且达到标准和舵面回到零位后形成"导弹准备好"指令上传给载机,载机根据"导弹准备好"指令形成"发动机点火"指令至导弹发动机启动后产生推力,推动导弹脱离发射装置。

导弹飞离载机后,尚未进入中制导(不设置中制导的导弹,为尚未进入末制导)之前有一段程控段,其时间不长,一般不超过1s。不同类型的导弹,程控段的作用也不同。以上介绍的舵面归零位就是其中的一种,即归零段,设计弹道归零段的目的是确保载机的安全,要求导弹在飞离载机后的一段时间内不做机动飞行,以避免造成因导弹的机动飞行而与载机相撞的危险。另一种较常用的程控段飞行方案是非制导状态飞行,非制导状态飞行是使导弹做一定的机动飞行,有意避开载机。非制导状态飞行的操作信号在导弹发射前由机载火控系统给出。火控系统根据发射时载机的高度、速度、飞行攻角等,以电信号的形式输出给导弹飞行控制舱。导弹脱离载机后,舵面偏转一定的角度,导弹做很短时间机动飞行。在导弹非制状态飞行阶段,为了避免载机气动干扰影响导弹飞行,飞行控制舱的稳定系统处于工作状态。

对于导轨式发射方式,高温、高速燃气与载机和发射装置系统发生相互作用,产生多种气动载荷和效应。根据作用的机理和能量释放形式的不同,气动载荷和效应包括:燃气射流冲击产生的气动载荷;火箭发动机启动冲击波效应;射流自振和湍流脉动噪声效应;激波、黏性湍流、噪声、射流自振等引起的气动热效应;燃气射流中固体颗粒对内埋弹舱的冲蚀效应等。这些关于燃气射流的问题也是导弹内埋发射技术的重要研究内容。

1.4　无人作战飞机内埋式导弹发射技术研究方法分析

内埋式导弹发射时的机弹相容性研究内容包含空气动力学、弹道学、发射气体动力学、计算流体力学等学科的知识,并呈现出各学科知识相互结合、相互补充的发展趋势。研究方法主要可以分为试验研究方法和数值计算研究方法。试验研究方法又可分为飞行试验和风洞试验两类。

1.4.1　风洞试验方法

风洞试验一直是发现和确认流动现象、探索和揭示流动机理、寻求和了解流动规律,以及为飞行器设计提供空气动力学特性数据的主要手段。内埋式导弹发射研究相关的风洞试验内容包括常规的测力和测压试验、导弹投放和轨迹捕获试验[20]。

风洞试验是根据相对性原理和相似理论来进行的。相对性原理:当物体以某一速度在静止的空气中运行时,气流对物体的作用与同一速度的气流流过静止物体时的作用完全相同。风洞试验一般都是模型固定在风洞试验段中静止不动,而风洞的人工气流吹过模型。相似理论:由于风洞试验是用缩尺模型在风洞的环境中进行的,这就存在一个如何进行模型试验和模型试验数据怎样应用于实物的问题,为此,需要运用相似理论。该理论主要内容有:

风洞试验时,需做到模型的绕流流场与实物飞行时的绕流流场相似,即流动相似(也称现象相似)。此时模型与实物的空气动力系数相同。一般情况下,只有保持模型与实物的几何相似、运动相似、动力相似、热力学相似和质量相似,才能保证流动相似。

如果模型的流动与实物的流动相似,则两个流动必然满足同一物理方程和

16

具有相似的单值条件(包括几何条件、物理条件、边界条件、时间条件等)。

　　用量纲分析法将流动物理量转化为无量纲的相似准则,如果两个流动相似,则同名相似准则数值相同;反之,如果两个流动的单值条件相似,并且由单值条件导出的同名相似准则数值相同,则两个流动相似。后者正是风洞试验应首要遵循的原则。

　　根据相似准则,要做到风洞试验与真实飞行的流动完全相似,必须使所有相似准则全部相等,但这在经济上和工程实践上都是几乎无法实现的,从需求上看也没有必要。实际上,对一定的试验对象,只要保证少数主要的相似准则相等,即可满足试验要求。在低速和跨声速风洞试验中,最常用的相似准则有雷诺数(Re)、马赫数(Ma)、普朗特数(Pr)、弗劳德数(Fr)、斯特劳哈尔数(Sr)等。

　　雷诺数定义为

$$Re = \frac{\rho v l}{\mu} \tag{1.1}$$

式中:ρ、v、μ分别为空气的密度、流速和(动力)黏度(黏性系数);l为模型特征长度。

　　Re是模型所受气流的惯性力与黏性力之比,表示空气黏性对流动的影响,它是十分重要的相似准则。

　　马赫数定义为

$$Ma = v/a \tag{1.2}$$

式中:v、a分别为空气的流速和声速。

　　Ma是模型所受气流惯性力和弹性力之比,表示空气压缩性对流动的影响,对于可压缩流($M \geqslant 0.4$),Ma是最主要的相似准则。

　　普朗特数定义为

$$Pr = \mu c_p / \lambda \tag{1.3}$$

式中:μ、c_p、λ分别为空气的黏性系数、比定压热容、导热系数。

　　Pr是边界层内气体分子的动量交换与分子动能交换的比值,表示气流的黏性作用与热传导之间的关系。在进行高Ma下的超声速热交换试验时,必须满足Pr相似准则的要求,而一般风洞试验,Pr能自然满足。

　　弗劳德数定义为

$$Fr = v/\sqrt{lg} \tag{1.4}$$

式中:v、l、g分别为来流速度、模型特征长度、重力加速度。

　　Fr是气流惯性力与重力之比,表示空气重力对流动的影响。在风洞中做外挂物投放轨迹试验时,需满足Fr的要求。

斯特劳哈尔数定义为

$$Sr = fl/v \qquad\qquad (1.5)$$

式中:f、l、v 分别为特征频率、模型特征长度、来流速度。

Sr 是非定常惯性力与气流惯性力之比,表示周期性非定常流动的影响。

以上介绍的 5 条相似准则,不仅是风洞试验中的准则,也是在理论计算中必须检验的参数。

测力试验的目的是为飞机、导弹等的设计和改型提供必需的气动力数据。在导弹内埋发射条件下,就是获得在弹舱门打开导弹发射前内埋弹舱和其中导弹所受气动力。其试验内容是在飞行速度和姿态角范围内测量模型的气动力,如升力、阻力、侧力、俯仰力矩、偏航力矩和滚转力矩特性等。在进行测力试验时,要求模型几何外形与飞行器相似,Re 和 Ma 相同。

测量飞行器表面压力分布试验通常称为测压试验。其目的是测量飞机各部件表面的压力分布,为飞机及其各部件结构强度计算提供气动载荷分布的原始数据,为研究飞机及其各部件的性能和研究绕模型的流动特性提供数据。通过表面压力分布测量可以确定飞机表面的最小压力点位置、激波位置、气流是否分离,以及作用在模型上的升力、压差阻力和压力中心的位置等。因此,在风洞中进行模型表面压力分布试验是研究飞行器气动特性、验证数值计算方法是否准确的一个重要手段。目前,测量模型表面压力分布主要还是采用在模型表面布设测压孔的方法,即通过测压孔和测压管路把当地模型表面压力传送到压力传感器来测量。每个测压孔所测的压力就是当地这一处的压力。

为了判定导弹从载机上投放的安全性,通常利用模型在风洞中进行分离特性预测试验,以了解投放物在投放初始阶段的分离运动姿态和轨迹,分析载机进行各种迎角、侧滑角、飞行速度、飞行高度和投放物的外形、助投力及投放物在载机上的悬挂位置等参数对投放物分离运动轨迹和姿态的影响,确定安全投放的参数范围。为了保证模型和全尺寸实物投放质心运动轨迹相似,绕质心转动的姿态相同,除了模型的几何外形与实物相似,风洞气流的 Ma 和 Re 与实物相等外,模型与实物必须动力相似。也就是说,不仅要考虑作用在内埋导弹上的气动力,而且还必须考虑内埋导弹重力(Fr)的影响。

投放过程是瞬时动态过程。低速风洞投放试验,此过程通常为 $0.2 \sim 0.3\text{s}$,而在高速风洞中,此过程只有几十毫秒。要准确地摄取投放物分离轨迹,目前记录设备主要是多次曝光拍摄装置、高速摄影机及其有关的照相光源和背景等设施。

导弹发射捕获轨迹试验(Captive Trajectory System, CTS)基于计算机、六自由度机构和风洞运行的相互配合,通过对导弹气动载荷的测量、运动轨迹的计算及计算机对外挂物六自由度运动的控制,来实现对导弹分离轨迹的模拟。其突出优点是预测的准确性高,能获得与全尺寸飞行试验数据比较一致的试验结果;能够通过计算机软件在试验中模拟导弹的复杂分离条件和特殊的飞行状态,而投放试验通常只能模拟平飞。

试验过程中,当导弹模型处于相对载机模型的某一初始位置和某个姿态角时,由导弹内的天平测量其气动力,并预估出在给定下一分离时间间隔末的气动系数值;同时根据所测气动力和输入的初始条件,按给定的时间间隔求解导弹运动方程,获得导弹在下一时间间隔末相对载机的位置和姿态角;然后转换成以风洞机构坐标为参考的模型位置和姿态角;随后即指令六自由度机构运动导弹模型到达该预计的位置和姿态角,再由天平测量导弹的气动载荷和计算机计算其气动系数以及比较在该位置处预估和测量的气动系数值,即用预估值与实测值比较和鉴别的"交叉校对法",对所取时间步长大小的合理性作出判别。若两者数据一致,则所测量的气动系数值为轨迹上一点的气动系数值,而该点即为轨迹上的一点;若两者数据不一致,则调整预估步长,并按调整后的预估步长,重新预估新的气动系数,求解运动方程,再定位新的导弹位置和姿态角以及测量和比较气动系数,直至预估值与测量值一致为止。重复这些步骤直至获得所模拟的分离时间里导弹相对载机运动的整个轨迹。轨迹捕获试验系统如图1.12所示。

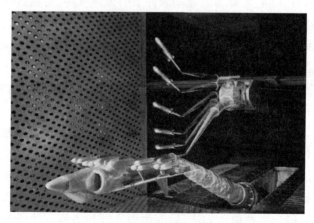

图 1.12　轨迹捕获试验系统示意图

1.4.2　数值计算方法

尽管风洞试验方法可以获得有关载机和导弹的气动数据,而且对基本流场以及干扰机理等的研究可以提供物理观测数据和分析基础。但无论是常规风洞试验、风洞投放试验还是轨迹捕获试验,其试验技术复杂、试验成本昂贵、试验周期较长,而且还受到一定的限制,某些特殊工况下的试验无法进行。此外,风洞试验都是运用缩比模型,模型的制作工艺等也导致试验与实际的结果一致性不能保证。内埋式导弹发射研究的导弹发射前后的流场,导弹发射后的初始弹道和导弹发射后的燃气射流流场,还可以运用理论计算的方法进行研究,理论计算包括工程估算和数值仿真计算。工程估算具有计算速度快的优点,但是获得的数据信息比较单一而且精度较低。随着计算机技术和数值计算方法的发展,以计算流体力学(CFD)方法为基础的数值计算方法越来越多地用于导弹发射等问题的研究中,这种方法获得的数据信息丰富,而且试验成本低、试验周期短。

随着计算机技术的飞速发展及各种稳定格式的出现,计算流体力学逐渐形成一门独立的学科,在解决流动的理论和工程实际问题中发挥着巨大的作用。众所周知,流动方程可以通过求解纳维 - 斯托克斯(Navier - Stokes, N - S)方程来获得。但对于复杂的气动外形,直接数值模拟求解 N - S 方程超出了目前计算机的计算能力。因此,对于计算流体力学来说,必须针对不同问题求解相应的简化方程。例如:湍流流动可以利用湍流模型求解雷诺平均 N - S 方程(RANS 方程);对于很多空气动力设计问题,忽略黏性影响便可求解更为简化的欧拉(Euler)方程;若在无黏、无旋等熵流动条件下引入速度势,可以进一步将构成欧拉方程组的 5 个非线性偏微分方程简化为一个非线性全位势方程;若再忽略全速势方程的非线性项,则获得可用于可压缩流的线性 Prandtl - Glauert 方程,或不可压缩流的拉普拉斯方程。在 CFD 发展过程中按照上述各简化方程所形成的四个不同有效程度的数学模型分为四个发展阶段,即线性位势方程阶段、全位势方程阶段、Euler 方程阶段、N - S 方程阶段[21]。

随着计算机技术和 CFD 方法的发展,不同数学模型的模拟方法和计算程序分别在不同年代里被引入到计算流体力学过程中。以波音公司为例,粗略地说,在 1973 年前设计工程师主要应用线性方法计算线性超声速流动;1973—1983 年用面元法模拟复杂几何外形的亚声速和超声速流动;1983—1993 年主要使用耦合边界层方法的非线性位势方法,后期也引入欧拉方程方法;1993—2003 年,开始越来越多地采用雷诺平均 N - S 方程方法。这也是应用 CFD 能力的一个代表和缩影,和各年代计算机技术水平和能力相一致。

20 世纪 80 年代以来,随着计算机工业和航空工业需求的发展,在航空领域内专门研制了很多 CFD 软件。表 1.2 列出了美国使用的具有代表性的 CFD 软件。表 1.3 列出了欧洲各国使用的具有代表性的 CFD 软件。

表 1.2　美国使用的具有代表性的 CFD 软件

软件名称	研制单位	基本方法
FL057	Jameson	中心差分,欧拉
TLN3D	NASA	中心差分
CFL3D	NASA	Roe 通量差分裂
OVERFLOW	NASA	中心差分,重叠网格
TEAM	Lockheed	中心差分
FL097	Jameson	中心差分,N－S 方程
Airplane	Jameson	中心差分,非结构网格
USM3D	NASA	中心差分,非结构网格
FUN3D	NASA	中心差分,非结构网格
NSU3D	NASA	中心差分,非结构网格
BCFD	波音公司	结构/混合网格,Roe,HLLE 等格式

表 1.3　欧洲各国使用的具有代表性的 CFD 软件

软件名称	国家/单位	基本方法
clsA	法国/ONERA, Airbus France 等	中心差分,结构网格
ENSOLV	荷兰/NLR, Fokker 等	中心差分,结构网格
EURANUS	瑞典、比利时/FOI, SAAB, VUB 等	中心差分,结构网格
Flower	德国/DLR, Airbus Germany 等	中心差分及 AUSM,结构网格
RANSM3	英国/BAe	中心差分,结构网格
ZEN	意大利/CIRA	中心差分,结构网格
Airplane +	德国/Jameson	中心差分,非结构网格
AETHER	法国/Dassault	Galerkon 有限元,非结构网格
EDGE	瑞典/FOI, SAAB	中心差分
TAU	德国/DLR, Airbus Germany 等	中心差分,非结构网格
CANARI	法国/Airbus France 等	中心差分,非结构网格
SAUNA	英国/ARA	中心差分,非结构网格
SOLAR	英国/BAe 等	中心差分,非结构网格
UNS3D	意大利/ALEME	中心差分,非结构网格

　　为了进行 CFD 计算,可以借助已编写好的软件来完成所需要的任务,也可以自己直接编写计算程序。两种方法的 CFD 基本工作过程是相同的,工作流程如图 1.13 所示。

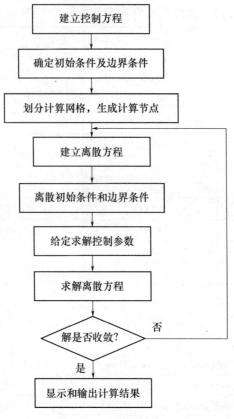

图 1.13　CFD 工作流程

　　由于应变量在节点之间的分布假设及推导离散方程的方法不同,就形成了不同的数值计算方法。目前,在计算流体力学领域,数值计算方法主要有三种,分别是有限差分法(Finite Difference Method,FDM)、有限元法(Finite Element Method,FEM)和有限体积法(Finite Volume Method,FVM)。有限差分法是数值解法中最经典的方法,它是将求解域划分为差分网格,用有限个网格节点代替连续的求解域,然后将偏微分方程(控制方程)的导数用差商代替,推导出含有离散点上有限个未知数的差分方程组。求解差分方程组(代数方程组)的解,就是微分方程定解问题的数值近似解,这是一种直接将微分问题变为代数问题的近似数值解法。这种方法发展较早,比较成熟,较多地用于求解双曲型和抛物型问题。用它求解边界条件复杂尤其是椭圆型问题不如有限元法或有限体积法方便。有限元法是将一个连续的求解域任意分成适当形状的许多微小单元,并于各小单元分片构造插值函数,然后根据极值原理将问题的控制方程转化为所有单元上的有限元方程,把总体的极值作为各单元极值之和,即将局部单元总体合

22

成,形成嵌入了指定边界条件的代数方程组,求解该方程组就得到各节点上待求的函数值。有限元法的基础是极值原理和划分插值,它吸收了有限差分法中离散处理的内核,又采用了变分计算中选择逼近函数并对区域进行积分的合理方法,是两类方法相互结合、取长补短发展的结果。有限元法在固体力学分析中占绝对比例。后来在有限差分法中,引进了将求解区域划分为有限小体积的想法,称为有限体积法,它更适于求解有复杂几何形状边界的流场。有限体积法的思想是在每个体积单元内只做简单的积分,而不像有限元那样进行较繁的加权积分。有限体积法形式更加简单,便于设计严格保证质量等守恒的差分格式,而且便于程序化,目前在 CFD 领域得到广泛应用。本书将采用理论推导和基于有限体积法的数值计算方法,对无人作战飞机内埋式导弹发射过程中的气动问题、弹道问题、燃气射流问题和综合控制问题进行研究。

第 2 章　无人作战飞机内埋式导弹
发射前的流场和受力分析

本章利用数值计算方法对内埋弹舱流场的稳态压力特性和稳态流动机理进行研究。首先概述数值计算所采用的三维 N – S 控制方程及其求解方法、湍流模型和边界条件；然后采用 RAE2822 翼型和 ONERA M6 机翼模型对数值计算方法进行精度验证。运用此方法研究不同几何参数和来流马赫数条件下，内埋弹舱流场的稳态压力分布特性，并分析产生这种特性的流场稳态流动机理。本章主要解决导弹发射前所处的流场环境和受力问题。

2.1　内埋弹舱流场特性和机理研究现状

国内外研究者将空弹舱的流场问题抽象为空腔结构的流场问题。采用理论分析和风洞试验相结合的方法对空腔静态流动特性进行研究[22]。内容涵盖了亚、跨、超声速下不同几何结构对空腔流场结构的影响。

Wilcox 等[23]人对空腔结构在不同来流速度下流动特性做了大量试验研究，主要研究了空腔静态压力分布，研究发现，空腔内部的流动状态很大程度上依赖于弹舱的几何形状和来流速度，尤其是空腔的长深比率。根据不同空腔长深比大致把空腔流动分为闭式空腔流动、开式流动和过渡式空腔流动。各种流动类型空腔底面的压力分布如图 2.1 所示。

Lawrence Ukeiley 等人[24]对亚声速下的开式空腔流场特性和空腔底面静态压力分布进行了研究，利用 PIV 对空腔流场结构进行试验研究，并分析了空腔内速度场合压力分布，讨论了空腔的流场结构对压力分布的影响关系。Robert L. Stallings 等人[25]通过改变来流马赫数测量长深比变化的矩形弹舱的稳态压力分布特性试验结果，如图 2.2 所示，除长深比很大（或很小）时的弹舱流动来流马赫数无法改变流动类型外，中等长深比的弹舱流场来流马赫数会改变弹舱流动类型。同时，随着来流马赫数的增加，过渡流态的弹舱长深比范围会扩大。

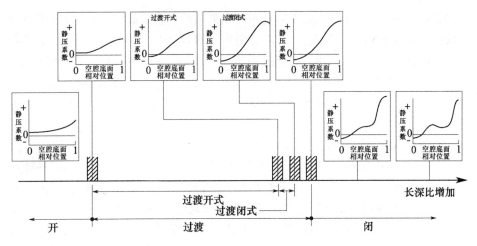

图 2.1　各种流动类型空腔底面的压力分布

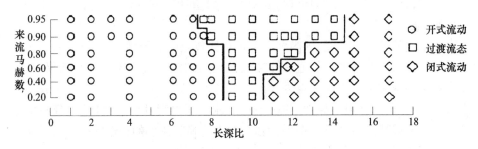

图 2.2　空腔类型变化图

国内空气动力研究中心张林[26]、吴继飞[27]等人在 FL－21 跨、超声速风洞中对空腔流动特性进行了较为深入的实验研究。结果表明,空腔流场特性主要由空腔长深比和来流马赫数决定,随着长深比的增加空腔流动会由开式流动转变为闭式流动类型,会使空腔内中后部区域压力迅速得到恢复和提高,形成压力梯度。空腔的宽深比、侧壁面偏角以及后端面偏角等参数总体对空腔稳态压力分布特性影响较小,同时舱口剪切层厚度对舱底压力分布也有显著影响。

这一时期,空腔流动特性研究主要集中在探讨空腔流场结构和影响因素方面,且早期的研究大部分是风洞试验的结果,随着 CFD 的发展和新湍流模型的出现,应用 CFD 方法研究空腔流动特性逐渐成为主流[28],研究集中在空腔稳态流动机理和流场结构方面。

N. Sinha[29]等人分别对空腔流动进行了风洞试验和数值模拟试验,对空气流动特性进行对比研究,表明空腔内的流场结构复杂、压力脉动剧烈。Bidur Khanal 等人[30]用 LES 求解雷诺平均 N－S 方程的方法,数值计算研究了空腔和带弹舱非定常流场,得到底面压力分布与风洞试验吻合较好,说明了数值模拟的准确性。Robert Murray 等人[31]特别对超声速来流条件下空腔口二维可压缩剪切层结构进行了分析,得到了剪切层内旋涡结构、形状大小和流动方向等信息,指出随着马赫数增大,剪切层流动结构越复杂,所包含的旋涡结构也越小。Zhang J 等人[32]采用多种湍流模型对空腔流场进行数值模拟,并对比了各种湍流模型的优、缺点。

陈龙等人[33]采用一种结合雷诺平均方法和大涡模拟两者优点的湍流模拟方法,基于 SA 模型的 DES 方法,数值求解三维非定常 N-S 方程,对不同马赫数下不同空腔类型流动进行模拟,分析空腔底部静压分布和时均流线图,得出空腔流动特性随马赫数增大有向开式流动转变的趋势。马明生等人[34]采用 Roe 格式 S-A 湍流模型和 LU-SGS 隐式算法对三个不同类型的空腔进行了模拟,得到不同长深比下空腔的底面压力分布、空腔内流线分布等结果,并分析了空腔流动类型随长深比增大转变的机理,表明利用数值计算方法模拟空腔复杂流场是可行的。

对于空腔的稳态流场,国内外已经进行比较全面的风洞试验研究,获得了一致的稳态压力分布结果。数值计算方法得到的结果通过与风洞试验结果对比,其有效性和准确性也得到了充分验证。但对于导弹发射时的内埋弹舱的稳态压力特性,以及内埋弹舱中导弹、弹舱各自的流场压力特性研究的较少,仅有的结论都是从空腔稳态特性推测得到,因此,对内埋弹舱流场的稳态特性和流动机理进行专门的研究是非常必要的。

2.2　流场数值计算方法

本节对数值计算采用的三维 N-S 控制方程,及其求解的有限体积空间离散方法、双时间步非定常时间离散方法、湍流模型和边界条件进行介绍。

2.2.1　流动控制方程

描述流体物理量有拉格朗日描述和欧拉描述两种方法。拉格朗日描述着眼于流体质点,将物理量视为流体坐标与时间的函数;欧拉描述着眼于空间点,将物理量视为空间坐标与时间的函数。对具体求解而言,在拉格朗日描述下,网格随着流体以相同速度运动;在欧拉描述下,网格的空间位置固定,网格点速度为零,流体微团穿过网格实现运动。本书中流场计算既有静止网格系统又有运动网格系统,因此选择任意拉格朗日-欧拉方法(Arbitrary Lagrangian-Eulerian, ALE)描述流体控制方程。

三维非定常可压缩 N – S 方程的 ALE 描述积分形式表示为[35]：

$$\frac{\partial}{\partial t} \iiint_{V(t)} \boldsymbol{Q} dV + \oiint_{\partial V(t)} (\boldsymbol{F}_{\text{inv}} - \boldsymbol{F}_{\text{v}}) \cdot \boldsymbol{n} dS = 0 \tag{2.1}$$

式中：$\partial(V)$ 为 t 时刻流场区域 $V(t)$ 的边界；dS 为 $\partial V(t)$ 上的面元；$\boldsymbol{n}$ 为边界的单位外法矢量；$\boldsymbol{Q}$、$\boldsymbol{F}_{\text{inv}}$ 和 $\boldsymbol{F}_{\text{v}}$ 分别为守恒矢量、无黏(对流)通量和黏性(耗散)通量，其表达式分别为

$$\boldsymbol{Q} = \begin{bmatrix} \rho & \rho u & \rho v & \rho w & \rho e \end{bmatrix}^{\text{T}} \tag{2.2}$$

$$\boldsymbol{F}_{\text{inv}} = \begin{bmatrix} \rho u \boldsymbol{i} + \rho v \boldsymbol{j} + \rho w \boldsymbol{k} \\ (\rho u^2 + p)\boldsymbol{i} + \rho uv\boldsymbol{j} + \rho uw\boldsymbol{k} \\ \rho uv\boldsymbol{i} + (\rho v^2 + p)\boldsymbol{j} + \rho vw\boldsymbol{k} \\ \rho uw\boldsymbol{i} + \rho vw\boldsymbol{j} + (\rho w^2 + p)\boldsymbol{k} \\ (\rho ue + up)\boldsymbol{i} + (\rho ve + vp)\boldsymbol{j} + (\rho we + wp)\boldsymbol{k} \end{bmatrix} \tag{2.3}$$

$$\boldsymbol{F}_{\text{v}} = \begin{bmatrix} 0 \\ \tau_{xx}\boldsymbol{i} + \tau_{xy}\boldsymbol{j} + \tau_{xz}\boldsymbol{k} \\ \tau_{yx}\boldsymbol{i} + \tau_{yy}\boldsymbol{j} + \tau_{yz}\boldsymbol{k} \\ \tau_{zx}\boldsymbol{i} + \tau_{zy}\boldsymbol{j} + \tau_{zz}\boldsymbol{k} \\ \Theta_x\boldsymbol{i} + \Theta_y\boldsymbol{j} + \Theta_z\boldsymbol{k} \end{bmatrix} \tag{2.4}$$

式中：ρ 为流体密度；u、v 和 w 为流体速度 v 在直角坐标系下的速度分量；p 为流体压强；e 为单位质量流体的总能，表示成

$$e = \frac{p}{(\gamma - 1)\rho} + \frac{u^2 + v^2 + w^2}{2} \tag{2.5}$$

这里：γ 为比热比，取值为 1.4。

式(2.4)中：

$$\begin{cases} \Theta_x = u\tau_{xx} + v\tau_{xy} + w\tau_{xz} - \kappa\dfrac{\partial T}{\partial x} \\[2mm] \Theta_y = u\tau_{yx} + v\tau_{yy} + w\tau_{yz} - \kappa\dfrac{\partial T}{\partial y} \\[2mm] \Theta_z = u\tau_{zx} + v\tau_{zy} + w\tau_{zz} - \kappa\dfrac{\partial T}{\partial z} \end{cases} \tag{2.6}$$

对于各向同性流体，导热系数 κ 无方向特性，仅随温度和压力变化，一般通过引入 Pr 来确定，即

$$\kappa = \frac{\mu c_p}{Pr} = \frac{\mu \gamma R}{(\gamma - 1)Pr} \tag{2.7}$$

对于空气,在层流状态下可取 $Pr = 0.72$,对湍流取 $Pr = 0.9$;c_p 和 R 分别为比定压热容和气体常数。

对于牛顿流体,根据 Stokes 假设,黏性应力项分别为

$$\begin{cases} \tau_{xx} = 2\mu u_x - \dfrac{2}{3}\mu(u_x + v_y + w_z), \tau_{xy} = \tau_{yx} = \mu(u_y + v_x) \\[2mm] \tau_{yy} = 2\mu v_y - \dfrac{2}{3}\mu(u_x + v_y + w_z), \tau_{xz} = \tau_{zx} = \mu(u_z + w_x) \\[2mm] \tau_{zz} = 2\mu w_z - \dfrac{2}{3}\mu(u_x + v_y + w_z), \tau_{yz} = \tau_{zy} = \mu(v_z + w_y) \end{cases} \quad (2.8)$$

动力黏性系数 $\mu = \mu_1 + \mu_t$,是温度和压力的函数;μ_1 为层流黏性系数,可通过 Sutherland 公式计算:

$$\frac{\mu_1}{\mu_0} = \left(\frac{T}{T_0}\right)^{1.5}\left(\frac{T_0 + C}{T + C}\right) \quad (2.9)$$

式中:T_0、μ_0 为海平面的温度和黏性系数,$T_0 = 273.16\text{K}$,对于空气 $\mu_0 = 1.7161 \times 10^{-5}\text{Pa} \cdot \text{s}$,$C = 124\text{K}$。

为了使 N-S 方程组封闭,补充完全气体状态方程的物理关系式:

$$p = \rho R T \quad (2.10)$$

2.2.2 流动控制方程离散化求解方法

采用格心格式有限体积法进行空间离散,格心格式的有限体积法将空间离散为互不重叠的有限体积单元(控制体),将流动变量存储于控制体的中心,再分别对每个单元进行 N-S 方程求解[36]。由于网格运动时的空间离散方法与静止网格情况相似,因此对空间离散的各阶格式以及对高阶格式的限制器相同构造。由于网格的运动,静止网格的对流通量在运动网格积分离散时就变为相对对流通量,且不同时刻控制体的形状和位置会不一样。

根据格心格式有限体积法,将每个网格单元看做是一个控制体 V,静止网格情况下,对每个控制体应用方程(2.1),并考虑到每个控制体不随时间变化,可得

$$\frac{\partial \boldsymbol{Q}}{\partial t} = -\frac{1}{V}\oint_{\partial V}(\boldsymbol{F}_{\text{inv}} - \boldsymbol{F}_v)\mathrm{d}S \quad (2.11)$$

对于任意单元 $V_{I,J,K}$,将式(2.11)右端的面积分表达为边界 $\partial V_{I,J,K}$ 上流出通量之和,可以得到如下的离散表达式:

$$\frac{\mathrm{d}\boldsymbol{Q}_{I,J,K}}{\mathrm{d}t} = -\frac{1}{V_{I,J,K}}\left\{\left[\sum_{m=1}^{N_f}(\boldsymbol{F}_{\text{inv}})_m \cdot \Delta S_m\right] - \left[\sum_{m=1}^{N_f}(\boldsymbol{F}_v)_m \cdot \Delta S_m\right]\right\} \quad (2.12)$$

式中:N_f 表示网格单元 $V_{I,J,K}$ 的表面的个数;ΔS_m 表示第 m 个面的面积。

令

$$\{[\sum_{m=1}^{N_f}(\boldsymbol{F}_{\text{inv}})_m \cdot \Delta S_m] - [\sum_{m=1}^{N_f}(\boldsymbol{F}_v)_m \cdot \Delta S_m]\} = \boldsymbol{W}_{I,J,K}$$

可得对每个网格单元的统一表达式为

$$\frac{\mathrm{d}\,\boldsymbol{Q}_{I,J,K}}{\mathrm{d}t} = -\frac{\boldsymbol{W}_{I,J,K}}{V_{I,J,K}} \tag{2.13}$$

求解空间离散方程(2.12)的重要一步是计算对流通量$(\boldsymbol{F}_{\text{inv}})_m$。在有限体积法中,对流通量项的离散格式主要有迎风格式(主要是通量矢量分裂格式(Flux Vector Splitting, FVS)和通量差分分裂格式(Flux Difference Splitting, FDS))、中心差分格式、总变差递减格式(Total Variation Diminishing, TVD)等几种[71]。

在此采用 Roe - FDS 格式对对流通量项进行离散。Roe - FDS 格式的基本思想是将控制体积界面处的通量进行差分处理为不同波的贡献,即

$$(\boldsymbol{F}_{\text{inv}})_R - (\boldsymbol{F}_{\text{inv}})_L = (\boldsymbol{A}_{\text{Roe}})(\boldsymbol{Q}_R - \boldsymbol{Q}_L) \tag{2.14}$$

式中:下标 L 和 R 分别表示网格间界面的左右状态;$\boldsymbol{A}_{\text{Roe}}$ 表示 Roe 变换矩阵,其中的变量都为采用 Roe 平均处理的变量。Roe 平均变量表示如下:

$$\begin{cases} \tilde{\rho} = \sqrt{\rho_L \rho_R}, \tilde{q}^2 = \tilde{u}^2 + \tilde{v}^2 + \tilde{w}^2 \\ \tilde{u} = \dfrac{u_L\sqrt{\rho_L} + u_R\sqrt{\rho_R}}{\sqrt{\rho_L} + \sqrt{\rho_R}}, \tilde{v} = \dfrac{v_L\sqrt{\rho_L} + v_R\sqrt{\rho_R}}{\sqrt{\rho_L} + \sqrt{\rho_R}}, \tilde{w} = \dfrac{w_L\sqrt{\rho_L} + w_R\sqrt{\rho_R}}{\sqrt{\rho_L} + \sqrt{\rho_R}} \\ \tilde{H} = \dfrac{H_L\sqrt{\rho_L} + H_R\sqrt{\rho_R}}{\sqrt{\rho_L} + \sqrt{\rho_R}}, \tilde{c} = \sqrt{(\gamma-1)(\tilde{H} - \tilde{q}^2/2)}, \tilde{V} = \tilde{u}n_x + \tilde{v}n_y + \tilde{w}n_z \end{cases} \tag{2.15}$$

控制单元界面处的对流通量计算公式为

$$(\boldsymbol{F}_{\text{inv}})_m = \frac{1}{2}[(\boldsymbol{F}_{\text{inv}})_R \boldsymbol{Q}_R + (\boldsymbol{F}_{\text{inv}})_L \boldsymbol{Q}_L - |\boldsymbol{A}_{\text{Roe}}|(\boldsymbol{Q}_R - \boldsymbol{Q}_L)] \tag{2.16}$$

式中:$|\boldsymbol{A}_{\text{Roe}}|(\boldsymbol{Q}_R - \boldsymbol{Q}_L)$ 可以看做是人工黏性项,计算公式为

$$|\boldsymbol{A}_{\text{Roe}}|(\boldsymbol{Q}_R - \boldsymbol{Q}_L) = |\Delta \boldsymbol{F}_1| + |\Delta \boldsymbol{F}_{2,3,4}| + |\Delta \boldsymbol{F}_5| \tag{2.17}$$

式(2.17)右端各量的表达式为

29

$$| \Delta \boldsymbol{F}_1 | = | \tilde{V} - \tilde{c} | \left(\frac{\Delta p - \tilde{\rho}\tilde{c}\Delta V}{2\tilde{c}^2} \right) \begin{bmatrix} 1 \\ \tilde{u} - \tilde{c}n_x \\ \tilde{v} - \tilde{c}n_y \\ \tilde{w} - \tilde{c}n_z \\ \tilde{H} - \tilde{c}\tilde{V} \end{bmatrix} \tag{2.18}$$

$$| \Delta \boldsymbol{F}_{2,3,4} | = | \tilde{V} | \left\{ \left(\Delta\rho - \frac{\Delta p}{\tilde{c}^2} \right) \begin{bmatrix} 1 \\ \tilde{u} \\ \tilde{v} \\ \tilde{w} \\ \tilde{q}^2/2 \end{bmatrix} + \tilde{\rho} \begin{bmatrix} 0 \\ \Delta u - \Delta V n_x \\ \Delta v - \Delta V n_y \\ \Delta w - \Delta V n_z \\ \tilde{u}\Delta u + \tilde{v}\Delta v + \tilde{w}\Delta w - \tilde{V}\Delta V \end{bmatrix} \right\} \tag{2.19}$$

$$| \Delta \boldsymbol{F}_5 | = | \tilde{V} + \tilde{c} | \left(\frac{\Delta p + \tilde{\rho}\tilde{c}\Delta V}{2\tilde{c}^2} \right) \begin{bmatrix} 1 \\ \tilde{u} + \tilde{c}n_x \\ \tilde{v} + \tilde{c}n_y \\ \tilde{w} + \tilde{c}n_z \\ \tilde{H} + \tilde{c}\tilde{V} \end{bmatrix} \tag{2.20}$$

通过对单元中心的变量线性处理可以得到界面处的 L 和 R 状态。线性处理的表达式为

$$\left. \begin{array}{l} \boldsymbol{Q}_{\mathrm{L}} = \boldsymbol{Q}_I + \boldsymbol{\Psi}_I (\nabla \boldsymbol{Q}_I \cdot \boldsymbol{r}_{\mathrm{L}}) \\ \boldsymbol{Q}_{\mathrm{R}} = \boldsymbol{Q}_J + \boldsymbol{\Psi}_J (\nabla \boldsymbol{Q}_J \cdot \boldsymbol{r}_{\mathrm{R}}) \end{array} \right\} \tag{2.21}$$

式中:$\boldsymbol{Q}_I$、$\boldsymbol{Q}_J$ 为相邻单元的原始变量;$\boldsymbol{\Psi}_I$、$\boldsymbol{\Psi}_J$ 各自单元的限制器;$\boldsymbol{r}_{\mathrm{L}}$、$\boldsymbol{r}_{\mathrm{R}}$ 分别为左右单元中心到界面中心的矢量;$\nabla \boldsymbol{Q}_I$、$\nabla \boldsymbol{Q}_J$ 为变量的梯度,通过 Green – Gauss 公式计算:

$$\nabla \boldsymbol{Q}_I = \frac{1}{V} \sum_{J=1}^{N_{\mathrm{f}}} \frac{1}{2} (\boldsymbol{Q}_I + \boldsymbol{Q}_J) \, \boldsymbol{n}_{I,J} \Delta S_{I,J} \tag{2.22}$$

式中:$\boldsymbol{n}_{I,J}$ 为单元 I 和 J 交界面的单位矢量;$\Delta S_{I,J}$ 为单元 I 和 J 的交界面面积。

黏性通量项的作用表现为耗散过程,并没有明显的方向取向,因此黏性通量一般采用中心格式离散,将每个面上的变量定义为相邻控制体原始变量的算术平均。

对于定常流场计算,根据方程(2.12),对(I,J,K)单元,令

30

$$V_{I,J,K} \frac{\partial \boldsymbol{Q}_{I,J,K}}{\partial t} = \mathrm{RHS}_{I,J,K}$$

采用具有二阶精度的四步 Runge – Kutta 方法进行定常时间离散, l 步 Runge – Kutta 方法可表示为

$$\begin{cases} \boldsymbol{Q}_{I,J,K}^{(0)} = \boldsymbol{Q}_{I,J,K}^{n} \\ \boldsymbol{Q}_{I,J,K}^{(k)} = Q_{I,J,K}^{(0)} + \sigma_k \Delta t\, \mathrm{RHS}_{I,J,K}^{(k-1)} \\ \sigma_k = 1/(l-k+1),\ k = 1,2,\cdots,l \\ \boldsymbol{Q}_{I,J,K}^{(n+1)} = \boldsymbol{Q}_{I,J,K}^{(l)} \end{cases} \quad (2.23)$$

在定常流场计算中,采用当地时间步长可有效加速收敛。对单元 (I,J,K) , 时间步长应满足:

$$\Delta t_{I,J,K} = \frac{2\mathrm{CFL} \cdot V_{I,J,K}}{\displaystyle\sum_{m=1}^{N_f} \lambda_m^{\max} \cdot S_m} \quad (2.24)$$

式中:CFL 为库朗数; $\lambda_m^{\max}$ 为方程预处理矩阵最大特征值; S_m 为单元表面积。

对于非定常问题,为了提高流动的时间计算精度,保持较高的计算效率,采用 Jameson 提出的双时间步方法,在冻结的真实时刻点上引入虚拟时间迭代,在 $n+1$ 时刻,对方程(2.12)进行处理。

采用时间二阶精度的隐式三点后差离散,得到时间二阶精度的离散方程为

$$\frac{3V_{I,J,K}^{n+1}Q_{I,J,K}^{n+1} - 4V_{I,J,K}^{n}Q_{I,J,K}^{n} + V_{I,J,K}^{n-1}Q_{I,J,K}^{n-1}}{2\Delta t} + R_{I,J,K}(\boldsymbol{Q}^{n+1}) = 0 \quad (2.25)$$

采用双时间步推进方法求解上式,引入虚拟时间 τ 的导数:

$$V_{I,J,K}^{n+1} \frac{\partial \boldsymbol{Q}_{I,J,K}^{*}}{\partial \tau} + R_{I,J,K}^{*}(\boldsymbol{Q}^{*}) = 0 \quad (2.26)$$

式中: $\boldsymbol{Q}^{*} \approx \boldsymbol{Q}^{n+1}$;非定常残值 $R_{I,J,K}^{*}(\boldsymbol{Q}^{*})$ 定义为

$$R_{I,J,K}^{*}(\boldsymbol{Q}^{*}) = R_{I,J,K}(\boldsymbol{Q}^{*}) + \frac{3}{2\Delta t}V_{I,J,K}^{n+1}\boldsymbol{Q}_{I,J,K}^{*} \quad (2.27)$$

求方程(2.25)的定常解即为 $\dfrac{\partial \boldsymbol{Q}_{I,J,K}^{*}}{\partial \tau} = 0$,此时两方程是等价的,方程(2.26)的定常解就是所要求的二阶精度的非定常解。非定常 N – S 方程双时间推进法在每个物理时间步内进行虚拟时间推进的过程,相当于求解定常问题,从而定常解法中的加速收敛等措施都能应用到非定常计算中。

2.2.3　边界条件和湍流模型

对 N – S 方程在求解区域的解算需要给定相应的边界条件。设 ∂V 为流场边界的一个单元表面,对网格运动情况下的无黏通量面积分,有

$$
(\boldsymbol{F}_{\text{inv}})_{\partial V} = \oiint_{\partial V} \boldsymbol{F}_{\text{inv}} \cdot \boldsymbol{n} \mathrm{d}S \approx \boldsymbol{v}_{\text{r}} \cdot \begin{bmatrix} \rho \\ \rho u \\ \rho v \\ \rho w \\ \rho e + p \end{bmatrix} S_{\partial V}^{n+\frac{1}{2}} + p \cdot \begin{bmatrix} 0 \\ \boldsymbol{i} \\ \boldsymbol{j} \\ \boldsymbol{k} \\ \boldsymbol{v}_{\text{t}} \end{bmatrix} S_{\partial V}^{n+\frac{1}{2}} \qquad (2.28)
$$

式中:$S_{\partial V}^{n+\frac{1}{2}}$ 表示 n 与 $n+1$ 时刻的平均面积。

物面边界采用无黏流的无穿透条件,即 $\boldsymbol{v}_{\text{r}} = 0$,由式(2.28)可知,边界面通量积分只需求出边界压力即可,则边界面的流动基本变量由下式求出:

$$
\begin{cases}
u_{\text{b}} = u_{\text{ref}} - [\boldsymbol{i}(u\boldsymbol{i} + v\boldsymbol{j} + w\boldsymbol{k})]_{\text{ref}} \\
v_{\text{b}} = v_{\text{ref}} - [\boldsymbol{j}(u\boldsymbol{i} + v\boldsymbol{j} + w\boldsymbol{k})]_{\text{ref}} \\
w_{\text{b}} = w_{\text{ref}} - [\boldsymbol{k}(u\boldsymbol{i} + v\boldsymbol{j} + w\boldsymbol{k})]_{\text{ref}} \\
p_{\text{b}} = p_{\text{ref}}, \rho_{\text{b}} = \rho_{\text{ref}}
\end{cases} \qquad (2.29)
$$

式中:下标中 b 表示变量取边界的值;ref 表示边界面 ∂V 所属的网格单元中心点的值。

对于远场边界条件,即无反射边界条件,采用基于 Riemann 不变量的一维特征线法确定边界上的流动参数。令:

$$
\begin{cases}
\text{RR} = \left(u_{\text{N}} + \dfrac{2a}{\gamma - 1} \right)_{\text{ref}} = \left(u_{\text{N}} + \dfrac{2a}{\gamma - 1} \right)_{\text{b}} \\
\text{RL} = \left(u_{\text{N}} - \dfrac{2a}{\gamma - 1} \right)_{\infty} = \left(u_{\text{N}} - \dfrac{2a}{\gamma - 1} \right)_{\infty}
\end{cases} \qquad (2.30)
$$

式中:u_{N} 为沿边界法向的速度值;∞ 为无穷远来流参数。

由式(2.30)可解出边界上的法向速度和声速,即

$$
\begin{cases}
u_{\text{Nb}} = \dfrac{1}{2}(\text{RR} + \text{RL}) \\
a_{\text{b}} = \dfrac{\gamma - 1}{4}(\text{RR} - \text{RL})
\end{cases} \qquad (2.31)
$$

进而可由下式求出边界面 ∂V 上的所有流动参数。

$$\begin{cases} u_{\rm b} = u_{\rm ref} + (u_{\rm Nb} - u_{\rm ref})\boldsymbol{i} \\ v_{\rm b} = v_{\rm ref} + (u_{\rm Nb} - u_{\rm ref})\boldsymbol{j} \\ w_{\rm b} = w_{\rm ref} + (u_{\rm Nb} - u_{\rm ref})\boldsymbol{k} \\ \rho_{\rm b} = \rho_{\rm ref}(a_{\rm b}^2/a_{\rm ref}^2)^{\frac{1}{\gamma-1}} \\ p_{\rm b} = a_{\rm b}^2\rho_{\rm b}/\gamma \end{cases} \tag{2.32}$$

当 $u_{\rm Nb} \geqslant 0$ 时,式(2.32)中下标 ref 表示边界面 ∂V 所属的网格单元中心点的参数;当 $u_{\rm Nb} < 0$ 时,则表示无穷远来流参数。

给定边界上的来流参数,代入式(2.28)直接求解通量积分就可得到超声速入口边界的流动参数。

对于超声速出口边界条件,通过边界面 ∂V 上的所有流动参数都由其所属的网格单元中心点的参数外推求得,然后代入式(2.28)求通量积分。

实际流动绝大多数是湍流,目前对于湍流问题的研究有理论分析、试验研究和数值模拟三种手段。湍流统计的理论与其他基础研究在近期内还看不出有全面突破的希望;完全依靠试验以取得实验数据,不仅耗资巨大、周期很长,而且在某些工程问题里,完全相似的实验室模拟不可能实现;数值模拟以其适应性强、应用面广、成本低等优点在工程中得到了大量的应用,对湍流进行数值模拟目前有直接数值模拟(DNS)方法、大涡模拟(LES)方法和湍流模式理论三种方法。

DNS 方法通过直接求解湍流运动的 N – S 方程得到湍流的瞬时流场,即各种尺度的随机运动,可以获得湍流的全部信息,用直接数值模拟方法处理工程中的复杂流动问题,即使是当前最先进的计算机也还差 3 个量级。

LES 方法是一种折中的方法,即对湍流脉动部分地直接模拟,将 N – S 方程在一个小空间域内进行平均(或称为滤波),以使从流场中去掉小尺度涡,导出大涡所满足的方程,小涡对大涡的影响会出现在大涡方程中,再通过建立模型(亚格子尺度模型)来模拟小涡的影响。LES 方法已经成为计算湍流的最强有力的工具之一,应用的方向也在逐步扩展,但是仍然受计算机条件等的限制,使之成为解决大量工程问题的成熟方法仍有很长的路要走。

目前能够用于工程计算的方法是模式理论。湍流模式理论是依据湍流的理论知识、实验数据或直接数值模拟结果,对雷诺应力做出各种假设,即假设各种经验的和半经验的本构关系,使湍流的平均雷诺方程封闭。随着计算流体力学的发展,湍流模式理论也有了很大的进步,有了非常丰硕的成果。从对模式处理的出发点不同,可以将湍流模式理论分类成两大类:一类称为二阶矩封闭模型,也叫做雷诺应力模式;另一类称涡黏性封闭模式。

（1）二阶矩封闭模式。是从雷诺应力满足的方程出发,将方程右端未知的项(生成项、扩散项、耗散项等)用平均流动的物理量和湍流的特征尺度表示出来。典型的平均流动的变量是平均速度和平均温度的空间导数。这种模式理论,由于保留了雷诺应力所满足的方程,如果模拟的好,可以较好地反映雷诺应力随空间和时间的变化规律,则可以较好地反映湍流运动规律。因此,二阶矩模式是一种较高级的模式,但由于保留了雷诺应力的方程,加上平均运动的方程整个方程组是一个庞大的方程组,应用这样一个庞大的方程组来解决实际工程问题计算量很大,这就极大地限制了二阶矩模式在工程问题中的应用。

（2）涡黏性封闭模式。在工程湍流问题中得到了广泛应用。这是由 Boussinesq 仿照分子粘性的思路提出的。最早提出的基准涡黏性模式,即假设雷诺应力与平均速度应变率呈线性关系,当平均速度应变率确定后,6 个雷诺应力只需要通过确定一个涡黏性系数就可完全确定,且涡黏性系数各向同性,可以通过附加的湍流量来模化,如湍动能 k、耗散率 ε、比耗散率 ω 以及其他湍流量。为了使控制方程封闭,引入多少个附加的湍流量,就要同时求解多少个附加的微分方程,根据求解附加的微分方程的数目,一般可将涡黏性模式划分为零方程模型、一方程模型、两方程模型三类,常见的如 S - A 一方程模型;$k - \varepsilon$、$k - \omega$ 两方程模型在工程中得到了大量的应用。

没有一个湍流模型对于所有的问题是通用的,选择模型时主要根据流体是否可压缩、建立方程的可行性问题、精度的要求、计算机的能力、时间的限制等。为了选择最好的模型,需要了解不同条件的适用范围和限制。

除直接数值模拟方法以外,对流场的数值计算都需要引入相应的湍流模型。下面主要介绍三种较为常用的两方程涡黏湍流模型[37]:标准 $k - \varepsilon$ 模型、标准 $k - \omega$ 模型和 SST $k - \omega$ 模型。

标准 $k - \varepsilon$ 湍流模型在湍动能 k 的基础上引入了关于湍流耗散率 ε 的方程。湍流耗散率定义为

$$\varepsilon = \frac{\mu}{\rho} \overline{\left(\frac{\partial u'_i}{\partial x_k}\right)\left(\frac{\partial u'_i}{\partial x_k}\right)} \tag{2.33}$$

湍动黏度 μ_t 可表示为 k 和 ε 的函数,即

$$\mu_t = \rho C_\mu \frac{k^2}{\varepsilon} \tag{2.34}$$

式中:C_μ 为经验常数。

在标准 $k - \varepsilon$ 模型中,k 和 ε 是两个基本未知量,与之对应的输运方程为

34

$$\frac{\partial(\rho k)}{\partial t} + \frac{\partial(\rho k u_i)}{\partial x_i} = \frac{\partial}{\partial x_j}\Big[\Big(\mu + \frac{\mu_t}{\sigma_k}\Big)\frac{\partial k}{\partial x_j}\Big] + G_k +$$

$$G_b - \rho\varepsilon - Y_M + S_k \qquad (2.35)$$

$$\frac{\partial(\rho\varepsilon)}{\partial t} + \frac{\partial(\rho\varepsilon u_i)}{\partial x_i} = \frac{\partial}{\partial x_j}\Big[\Big(\mu + \frac{\mu_t}{\sigma_\varepsilon}\Big)\frac{\partial\varepsilon}{\partial x_j}\Big] +$$

$$C_{1\varepsilon}\frac{\varepsilon}{k}(G_k + C_{3\varepsilon}G_b) - C_{2\varepsilon}\rho\frac{\varepsilon^2}{k} + S_\varepsilon \qquad (2.36)$$

式中：G_k 为由于平均速度梯度引起的湍动能 k 的产生项；G_b 为由于浮力引起的湍动能 k 的产生项；Y_M 为可压湍流中脉动扩张的贡献；$C_{1\varepsilon}$、$C_{2\varepsilon}$ 和 $C_{3\varepsilon}$ 为经验常数，$C_{1\varepsilon} = 1.44$，$C_{2\varepsilon} = 1.92$，$C_{3\varepsilon} = 0.09$；σ_k、σ_ε 分别为与湍动能 k 和耗散率 ε 对应的 $\sigma_k = 1.0$、$\sigma_\varepsilon = 1.3$；S_k、S_ε 为用户定义的源项。

$k - \omega$ 湍流模型是较为常用的两方程湍流模型，有标准 $k - \omega$ 模型和 SST $k - \omega$ 模型两种。标准 $k - \omega$ 模型是基于 Wilcox[37] 的 $k - \omega$ 模型修改得到的，其优势在于低雷诺数计算时的近壁面问题处理放松了对 y^+ 值的要求。

标准 $k - \omega$ 模型的湍动能 k 和耗散率 ω 的输运方程为

$$\frac{\partial}{\partial t}(\rho k) + \frac{\partial}{\partial x_j}(\rho u_j k) = \tau_{ij}\frac{\partial u_i}{\partial x_j} - \beta^*\rho k\omega + \frac{\partial}{\partial x_j}\Big[(\mu + \sigma^*\mu_T)\frac{\partial k}{\partial x_j}\Big] \quad (2.37)$$

$$\frac{\partial}{\partial t}(\rho\omega) + \frac{\partial}{\partial x_j}(\rho u_j\omega) = \frac{\varepsilon\omega}{k}\tau_{ij}\frac{\partial u_i}{\partial x_j} - \beta\rho\omega^2 + \frac{\partial}{\partial x_j}\Big[(\mu + \sigma\mu_T)\frac{\partial\omega}{\partial x_j}\Big] \quad (2.38)$$

涡黏性系数定义为

$$\frac{\partial}{\partial t}(\rho v_t) + \frac{\partial}{\partial x_j}(\rho u_j v_t) = \alpha(R_T)\omega\rho(v_{tE} - v_t) \qquad (2.39)$$

相关变量定义如下：

$$\tau_{ij} = 2\mu_T\Big(S_{ij} - \frac{1}{3}\frac{\partial u_k}{\partial x_k}\delta_{ij}\Big) - \frac{2}{3}\rho k\delta_{ij}, S_{ij} = \frac{1}{2}\Big(\frac{\partial u_i}{\partial x_j} + \frac{\partial u_j}{\partial x_i}\Big)$$

$$\alpha(R_T) = \alpha_0\Big(\frac{R_T + R_{T0}}{R_T + R_{T\infty}}\Big), R_T = \frac{\rho k}{\mu\omega}, \mu_t = \rho v_t, v_{tE} = \frac{\varepsilon^* k}{\omega}$$

常量取值：$\alpha_0 = 0.35$，$R_{T0} = 1$，$R_{T\infty} = 0.01$，$\varepsilon = 5/9$，$\varepsilon^* = 1$，$\beta = 0.075$，$\beta^* = 0.09$，$\sigma = \sigma^* = 0.5$。

SST $k - \omega$ 模型比标准 $k - \omega$ 模型在近壁面区有更好的精度和稳定性。其输运方程为

$$\frac{\partial}{\partial t}(\rho k) + \frac{\partial}{\partial x_i}(\rho k u_i) = \frac{\partial}{\partial x_j}\Big[\varGamma_k \frac{\partial k}{\partial x_j}\Big] + G_k - Y_k + S_k \qquad (2.40)$$

$$\frac{\partial}{\partial t}(\rho \omega) + \frac{\partial}{\partial x_i}(\rho \omega u_i) = \frac{\partial}{\partial x_j}\Big[\varGamma_\omega \frac{\partial \omega}{\partial x_j}\Big] + G_\omega - Y_\omega + S_\omega \qquad (2.41)$$

式中：G_k 为湍动能产生量；G_ω 为 ω 产生量；$\varGamma_K$、$\varGamma_\omega$ 分别为湍动能和 ω 的扩散系数；Y_k、Y_ω 为耗散系数；S_k、S_ω 为湍动能和耗散率的源项。

目前，很多成熟的 CFD 算法已经被集成入商业软件中[38]，可以使研究人员从大量算法分析和程序编制工作中解放出来，将更多精力集中于气动设计分析，本章所采用的离散方法、边界条件和湍流模型等都应用于最新版的 ANSYS FLUENT 软件中，借助它进行流场数值计算。

2.3　流场数值计算方法验证与网格无关性验证

为了检验 CFD 软件计算的可信度，需要对 CFD 计算结果进行验证和确认。本节通过对有代表性的标准模型进行数值计算，并与国内外风洞试验结果及同类文献的计算结果对比，以此来验证数值计算方法的可行性和精确性。

2.3.1　RAE2822 翼型模型验证

跨声速计算是 CFD 计算仍然存在的几大难点之一，飞行器表面的跨声速区的气流是既有亚声速又有超声速的"混合流动"区。飞机达到临界速度时，其表面形成激波并随马赫数增大而发展。由于其速度范围的特殊性，跨声速对算法的耗散特性十分敏感，通常会出现计算收敛困难、可靠性差等问题，同时还存在激波位置的准确模拟问题。RAE2822 是一个典型的二维跨声速湍流流动的经典算例，被 16 个 EUROVAL 的欧洲项目合作组合 AGARD 挑选作为经典的确认算例。其风洞试验和数值试验数据丰富，试验测量数据可见文献[39]。

本书选用 RAE2822 翼型，研究所选用的离散方法、湍流模型的计算模拟准确性。计算采用 C 型结构网格，第一层网格厚度为弦长的 5×10^{-6} 倍，可控制 $y^+ < 5$，计算域远边界选择为距离翼型 10 倍弦长，翼型周围网格如图 2.3 所示。计算条件为：$Ma = 0.8$，基于弦长 C 的 $Re = 6.3 \times 10^6$，翼型攻角 $\alpha = 5.0°$。分别采用标准 $k - \varepsilon$ 模型、标准 $k - \varepsilon$ 模型和 SST $k - \varepsilon$ 模型进行计算，其结果与文献[39]值的对比如图 2.4 所示。图中横轴 X/C 表示翼型上下表面各点的横向距离与弦长之比，纵轴表示翼型上下表面的压力系数。从图中分析可知，三种湍流模型得到的翼型压力系数分布与文献[39]试验值吻合得较好，说明数值计算方法的有效性。

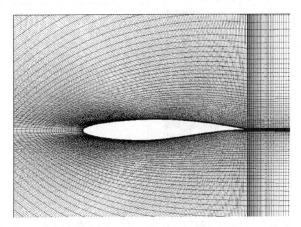

图 2.3　RAE2822 翼型 C 型计算网格

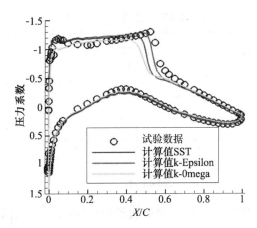

图 2.4　RAE2822 翼型压力系数对比

　　三种湍流模型相比较,SST $k-\omega$ 湍流模型的计算结果更符合试验结果,说明 SST $k-\omega$ 湍流模型对跨声速流场捕捉能力更强,从图 2.5 给出的马赫数和压力系数等值线图中也可清晰看出在翼型前部和中部存在着激波。而标准 $k-\omega$ 模型和标准 $k-\varepsilon$ 模型的计算结果在翼型上、下表面都存在不同程度的波动,说明其对变化流场的捕捉能力不足。

　　表 2.1 列出了三种计算和试验条件下翼型的升力系数和阻力系数值。分析可知,SST $k-\omega$ 模型、标准 $k-\omega$ 模型和标准 $k-\varepsilon$ 模型模型计算得到的升力系数都偏小,偏差分别为 2.24%、2.98% 和 4.10%;阻力系数都偏大,偏差分别为 4.76%、7.14% 和 18.4%。三者的误差主要来源于两种湍流模型对翼型上方激波捕捉能力的差异。综上所述,SST $k-\omega$ 模型精度更高,将应用于数值计算中。

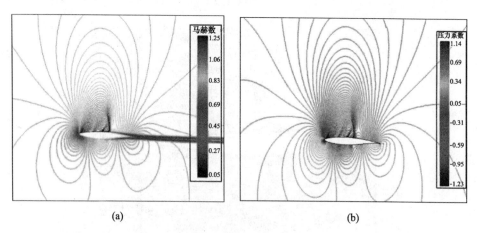

(a)　　　　　　　　　　　　　　　　(b)

图 2.5　RAE2822 翼型马赫数和压力系数等值线图(SST $k-\omega$ 湍流模型)

表 2.1　RAE2822 翼型升阻力系数值

湍流模型	升力系数	阻力系数
试验值	0.803	0.0168
SST $k-\omega$	0.785	0.0176
$k-\omega$	0.779	0.0180
$k-\varepsilon$	0.770	0.0199

2.3.2　ONERA M6 机翼模型验证

ONERA M6 机翼是跨声速有激波流动的机翼标模[40],计算网格采用结构网格,如图 2.6 所示,第一层网格厚度为 3×10^{-6} 倍平均气动弦长。

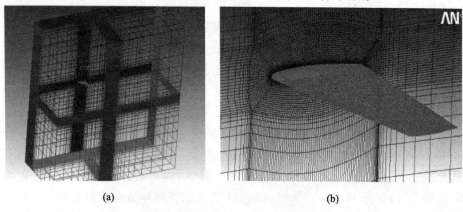

(a)　　　　　　　　　　　　　　　　(b)

图 2.6　M6 机翼计算网格

38

仿真条件:$Ma=0.84$,$\alpha=3.06°$,基于平均气动弦长的 $Re=11.72\times10^6$。

湍流模型:$k-\varepsilon$、$k-\omega$ 和 SST $k-\omega$ 模型。

图2.7 和图2.8 为使用 SST 湍流模型仿真所得 ONERA M6 机翼表面压力系数云图和切面速度云图。

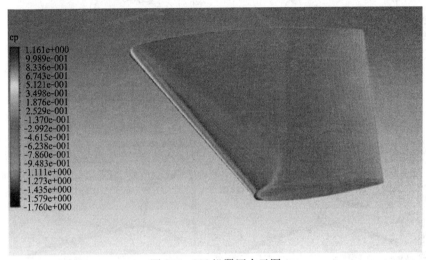

图2.7 M6 机翼压力云图

图2.8 M6 机翼速度云图

ONERA M6 机翼 20%、44%、65%、90%、95%、99% 机翼长度处 6 个截面的压力系数计算值如图 2.9 所示。通过与文献[40]中的试验数据对比可以看出,使用 CFX 软件能够较好地模拟存在激波现象的跨声速流动。

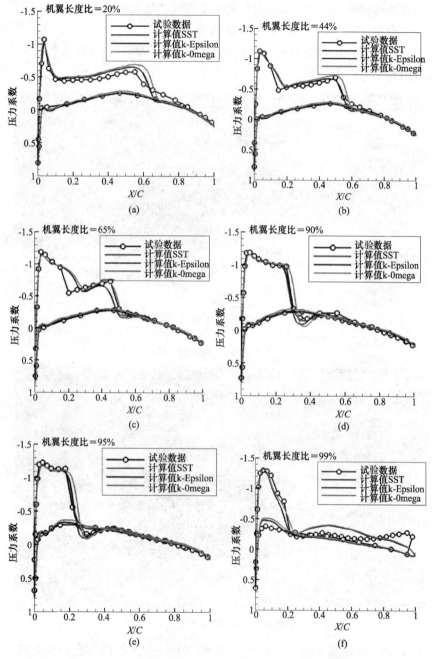

图 2.9　M6 机翼截面压力分布的计算结果与试验数据对比

（a）机翼长度比 = 20%；（b）机翼长度比 = 40%；（c）机翼长度比 = 65%；

（d）机翼长度比 = 90%；（e）机翼长度比 = 95%；（f）机翼长度比 = 99%。

2.3.3　翼身组合体 DLR – F4

DLR – F4 是德国宇航公司(DLR)提出的翼身组合体标准模型,美国 AIAA 于 2001 年到 2003 年先后召开两次阻力预测会议(DPW)[41] 对其进行 CFD 计算,以定量分析 CFD 阻力预测结果的精确性。

DLR – F4 计算网格如图 2.10 所示,边界层第一层高度控制在 0.001mm,以满足飞机表面黏性边界层计算要求。

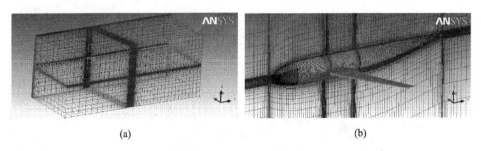

(a)　　　　　　　　　　　　　　　(b)

图 2.10　DLR F4 计算网格

仿真条件:$Ma = 0.75$,攻角 $\alpha = -3° \sim 3°$,基于平均气动弦长的雷诺数 $Re = 3 \times 10^6$。

湍流模型:$k - \varepsilon$、$k - \omega$ 和 SST $k - \omega$ 模型。

图 2.11 给出了采用 CFX 软件仿真得到的气动参数与文献[42]风洞试验数据的对比。

从图 2.11 可以看出,升力系数、阻力系数、力矩系数等计算所得的数值和随攻角的变化趋势都与试验结果较为接近,三种湍流模型中,SST 模型较 $k - \varepsilon$ 和 $k - \omega$ 模型的计算结果更为准确,因此在后续仿真中得到使用。

2.3.4　内埋弹舱流场计算网格无关性验证

为了给内埋弹舱流场稳态压力特性研究提供对比结果,同时也为了进一步验证数值计算方法对三维空腔流场计算的准确性,对空腔流动进行气动计算,模型参数为:$L/D = 6$,$W/D = 2$,$Ma_{\infty} = 0.6$、0.8、1.2、1.8,$\alpha = 0°$。$Ma = 0.6$ 时 $Re = 1.3 \times 10^6$(参考弹舱长度 L)。计算采用结构网格(图 2.12),单元个数约为 70 万,附面层最底层网格厚度控制在 $L \times 10^{-5}$。边界条件设定为压力远场边界和壁面边界,湍流模型采用 SST $k - \omega$ 模型,采用非定常解算器,时间步长 $\Delta t = 1 \times 10^{-5}$s。

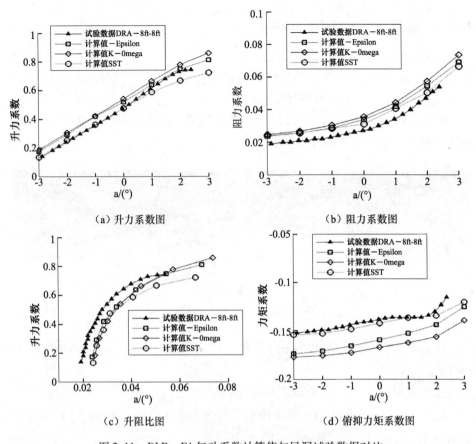

（a）升力系数图   （b）阻力系数图

（c）升阻比图   （d）俯抑力矩系数图

图 2.11   DLR – F4 气动系数计算值与风洞试验数据对比

（a）lift coefficient；（b）drag coefficient；（c）drag polar；（d）pitching moment coefficient。

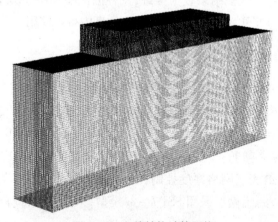

图 2.12   空舱结构计算网格

数值计算得到空舱底面中心线稳态压力分布和文献[42]风洞试验结果如图2.13所示,图中:横轴 X/L 表示 X 轴向坐标值与弹舱长度的比值;Cp 表示稳压系数对比可知,当 $L/D=6$ 时,空舱为典型的开式腔流动,随着马赫数由小到大经历亚、跨、超声速试验条件,弹舱底部压力分布规律不变,整体呈现出先增大后减小的变化规律。数值计算结果与风洞试验结果符合较好,说明采用书中的计算方法可以准确模拟空舱流场。

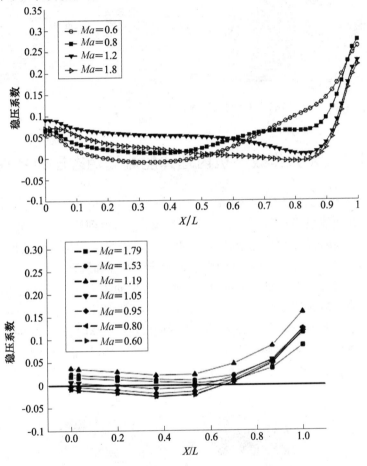

图2.13　数值计算与风洞试验结果对比

空舱三维流线和对称面流线分布如图2.14所示。分析可得,自由来流运动过程为:气流在空舱前缘分离,一部分气流向舱内扩张,速度增加压力降低,故从稳态压力在空舱前壁面后区域稍微降低,另一部分气动在舱口形成剪切层,剪切层跨过空舱中部到达后壁前区域;气流再次分离,一部分气流与空舱后壁相撞进入舱内,另一部分气流移出空舱向下游运动,这导致在空舱后壁面前的区域稳态压力迅速升高;由于气流向舱内扩张、剪切层与舱内流体的黏性作用、剪切与舱后壁的撞击作用,共同使得舱内流线形成逆时针方向的整体旋涡结构。

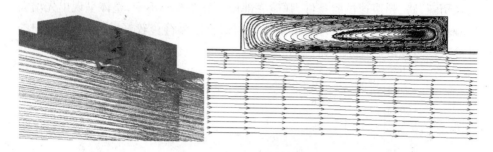

图 2.14　空舱流场流线分布($Ma_\infty = 0.6$)

2.4　无人作战飞机内埋弹舱流场稳态压力特性

运用上述验证的方法对导弹内埋弹舱流场进行数值计算。目的是研究得出影响内埋弹舱流场稳态压力分布的主要因素,总结得到流场稳态流动机理,因此,并不针对特定的导弹和弹舱型号。由于内埋弹舱结构与空舱结构的必然联系,采用对比研究方法可有效阐明内埋弹舱流场特性和机理。

流场的稳态特性是流场作用的时间平均效果的体现,因此,此处的稳态压力系数值和稳态流场流线图均取自计算收敛后多周期的平均值。

计算模型和参数如图 2.15 所示。图中参数:L 为弹舱长度;D 为弹舱深度;W 为弹舱宽度;L_0 为导弹长度;Ma 为来流马赫数。沿弹舱长度方向为 X 轴方向,深度方向为 Z 轴方向,与宽度方向构成右手坐标系。

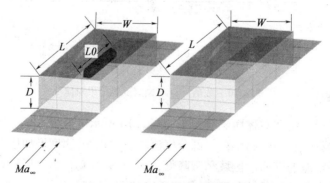

图 2.15　内埋弹舱和空舱计算模型

下面主要研究弹舱外形参数对流场稳态压力特性的影响。

为研究同一参数多状态下内埋弹舱流场的稳态压力特性,对内埋弹舱模型进行修改使其满足各种试验参数要求,进行 $L/D = 6 \sim 13$,共 9 种外形条件下,来流马赫数在亚、跨、超声速条件下($Ma_\infty = 0.6$、0.8、1.2、1.8)内埋弹舱流场稳态压力分布进行数值计算研究,$L/D = 6$ 时的计算网格如图 2.16 所示。数值计算内埋弹舱流场对导弹表面和弹舱的稳态压力作用,在此规定靠近弹舱顶面的为导弹上表面,靠近弹舱口的为导弹下表面以方便后续分析。

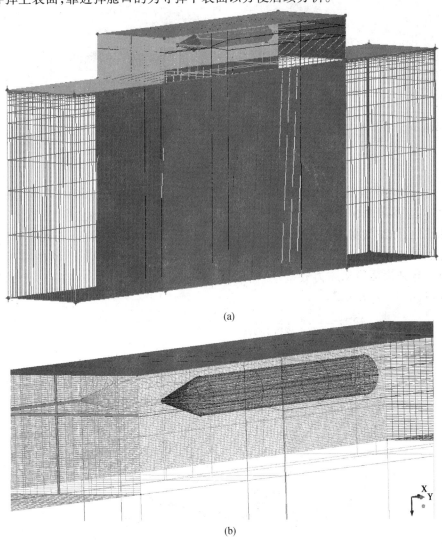

(a)

(b)

图 2.16　内埋弹舱计算网格

如图 2.17 为 $L/D = 6, Ma_\infty = 1.2$ 条件下导弹和弹舱稳态压力系数分布图。分析可知,内埋弹舱流场内稳态压力分布不均匀,但具有一定规律,弹舱后壁面和导弹尾部承受稳态压力较大,中部区域稳态压力较小,这与图 2.13 所示的空舱稳压分布特性不同。

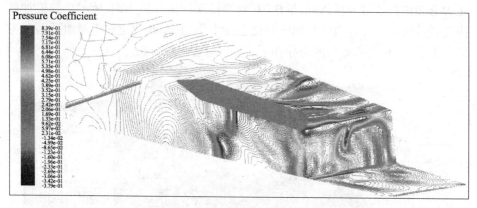

图 2.17　内埋弹舱稳压系数分布

选择内埋弹舱典型稳态压力系数分布如图 2.18 所示,图中给出了对称面内导弹上、下表面和弹舱顶面的稳压系数分布,图中横轴为 X 轴坐标与弹舱长度的比值,纵轴为稳压系数值。分析可知,导弹上、下表面的稳压分布明显不同,上表面与弹舱顶面受力一致,变化较小,主要差别在于导弹下表面的稳压分布。导弹表面稳态压力分布,明显地分为弹头区域($0.2 < L/D < 0.3$)和弹身区域($0.3 < L/D < 0.8$)。

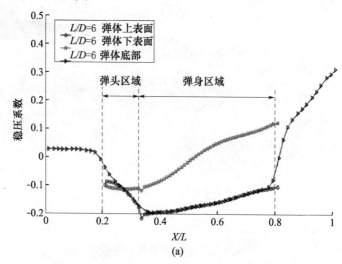

(a)

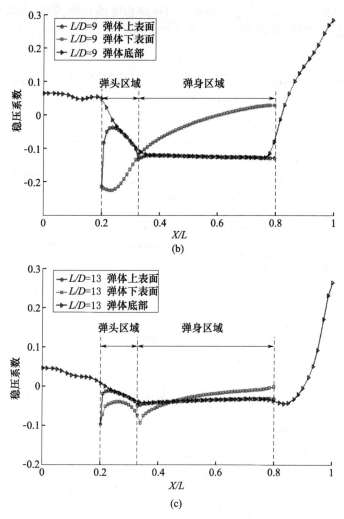

图 2.18　$Ma_\infty = 0.6$ 不同长深比弹体上、下表面和舱底稳压图

　　在弹舱顶面的稳态压力分布中前部区域 ($0 < X/L < 0.2$) 和中部区域 ($0.4 < X/L < 0.75$) 都出现了压力平台,前部为正压力平台,中部负压力平台,两者之间区域 ($0.2 < X/L < 0.4$) 压力呈近似线性递减分布连接;舱底后部区域 ($0.8 < X/L < 1.0$) 稳态压力分布逐渐增大,压力系数从最低 -0.1 增大到最高 0.3。与空舱流动稳态压力分布比较可知,带弹舱压力整体比空舱压力小,由于导弹的影响在舱底中部出现了负稳态压力分布平台。

　　下面从导弹表面所受稳态压力差(下表面稳压系数减上表面稳压系数)和弹舱底面压力分布方面进行具体分析:

图 2.19 的横轴表示导弹 X 轴坐标与导弹长度的比值,纵轴为稳压系数值,分析可知,L/D 不同,导弹表面压力差分布差别很大。图中每条曲线明显的分为两部分对应于弹头和弹身区域:对弹头区域,$L/D = 6$ 时压力差最大,而 $L/D = 9$ 时压力差最小,呈现先减小后增大的分布规律;对弹身区域,最小压力差出现在 $L/D = 13$ 时,压力差统一为线性增长规律。

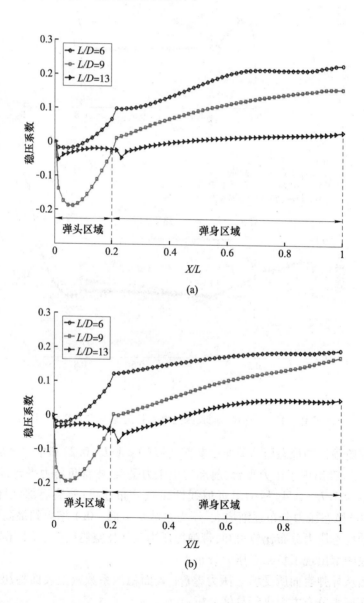

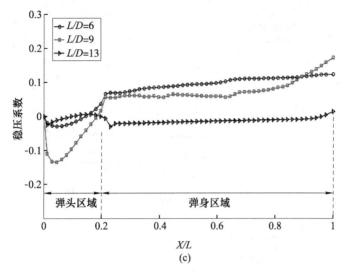

图2.19 不同 L/D 条件下导弹稳压系数差分布

（a） $Ma_\infty = 0.6$ ；（b） $Ma_\infty = 0.8$ ；（c） $Ma_\infty = 1.8$ 。

从压力差数值大小分析，$L/D = 6$ 时为正压力差，$L/D = 13$ 时为负压力差。由此可知：$L/D = 6$ 时，导弹受到向弹舱顶面方向的净压力，形成"吸"的作用；而 $L/D = 13$ 时，导弹受到向舱口方向的净气动压力，形成"推"的作用。但这种压力相对于导弹所受重力较小，对导弹运动影响也较小。

从导弹头部区域和尾部区域稳态压力差大小比较可得：$L/D = 6$ 时，压力差在导弹尾部区域大于头部区域，导弹将受到稳态压力造成的低头力矩，对导弹安全分离有利；$L/D = 13$ 时，压力差在导弹尾部区域小于头部区域，导弹将受到抬头力矩，使导弹在分离时经受不好的分离特性，有可能在分离后头部上扬。

综合来看，大长深比的内埋弹舱结构对导弹分离的安全性和姿态控制不利。

从图2.20可以看出，随着 L/D 的增大，弹舱稳态压力分布曲线不仅存在正的增长量，并且弹舱受力类型也逐渐改变，在 $L/D = 13$ 时中部压力平台消失，后部阶梯状压力增长区域也消失，前部、后部压力减小和中部压力增大结合起来形成一个范围更大的压力平台，至弹舱后壁面处压力迅速增大。

弹舱内弹体上、下表面稳态压力分布随马赫数不同而发生的变化如图2.21所示。从图中可知，每条曲线弹体稳态压力沿弹轴的分布很明显的分为两段：$0.2 < X/L < 0.33$ 表示导弹头部；$0.33 < X/L < 0.8$ 表示弹身部分。随着马赫数

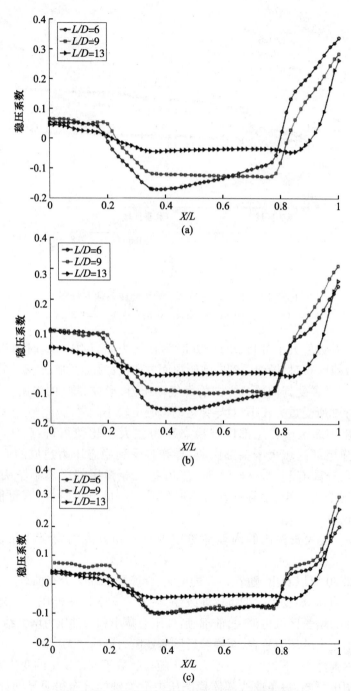

图 2.20　不同 L/D 条件下舱底稳压系数分布

（a）$Ma_\infty = 0.6$；（b）$Ma_\infty = 0.8$；（c）$Ma_\infty = 1.8$。

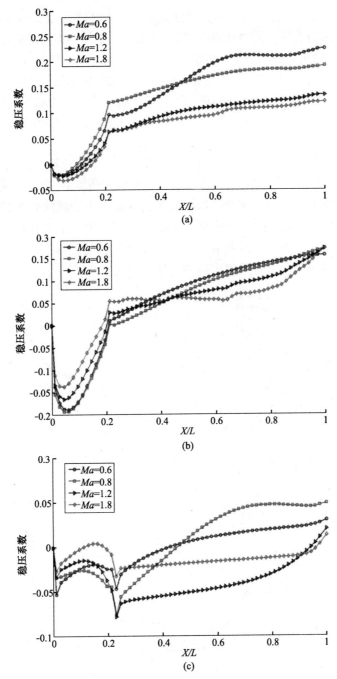

图 2.21　不同来流马赫数下导弹稳压系数差分布

（a）$L/D=6$；（b）$L/D=9$；（c）$L/D=13$。

的增大,导弹头部压力分布也增大,但分布规律不变,只产生了一个向上的平移量,所受压力都为负压。随着马赫数增大,稳态压力把导弹推向弹舱底面的趋势将增强,导弹"抬头"运动的趋势也将增强。不同长深比模型导弹的受力也符合不同的规律,且相互间区别很大,主要集中在导弹的头部和前部区域。

从图2.22各弹舱长深比所对应的不同马赫数压力分布曲线分析可得,对所有长深比的舱体结构,来流马赫数对舱底稳态压力分布影响较小,Ma_∞的改变仅使稳态压力分布曲线产生了一个平移量。

随着马赫数的增大,压力系数呈现先增大后减小的变化趋势,增大与减小的转折马赫数点为$Ma_\infty = 1$附近,但并不改变弹舱的流动类型,对于长深比较小的弹舱压力增减的幅度较小,而对长深比较大的弹舱压力增减的幅度较大。与图2.13中马赫数对空舱稳态压力分布的影响对比可知,两者在变化趋势上是一致的。且可观察到在$Ma_\infty > 1$时,在两段近乎线性增长的过程中存在一个正压力平台,使整体稳态压力分布呈现出阶梯状增长的规律。

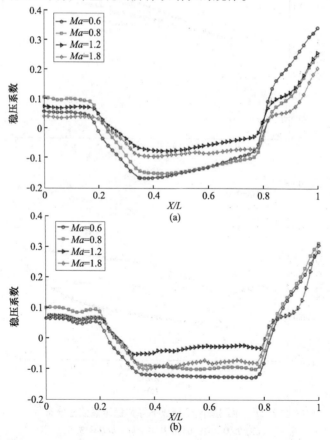

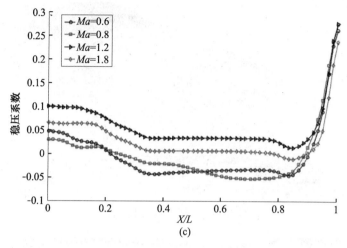

图 2.22　不同来流马赫数下弹舱稳压系数分布

（a）$L/D=6$；（b）$L/D=9$；（c）$L/D=13$。

从各图间的对比中可知,随着马赫数增大,小长深比压力分布趋近于大长深比小马赫数压力分布。例如:图中 $L/D=6$, $Ma_\infty=1.8$ 稳态压力分布曲线与图中 $L/D=9$, $Ma_\infty=0.6$ 的分布曲线很相近;图中 $L/D=9$, $Ma_\infty=1.8$ 的压力分布曲线与图中 $L/D=13$, $Ma_\infty=0.6$ 的稳压分布基本一致。

2.5　无人作战飞机内埋弹舱流场机理

从流场稳态压力特性可知,在内埋弹舱和空舱中稳态压力分布存在较大差异,在 $L/D=6$ 时导弹受到流场"吸"的作用和"低头"力矩作用,在 $L/D=13$ 时导弹受到流场"推"的作用和"抬头"力矩作用。这些稳态压力特性与流场稳态流动机理密切相关,下面对内埋弹舱稳态流场的流线分析得出内埋弹舱稳态流场机理,从而得到稳态压力特性的产生原因。

图 2.23 给出了计算得到的 $L/D=6$, $Ma=0.6$ 条件下内埋弹舱流场稳态流动的三维流线分布。分析可知:流线从弹舱口直接跨过,形成剪切层;导弹尾部与弹舱后壁面间流线密集,存在较强旋涡结构;导弹下表面与舱口之间区域存在一个较大旋涡结构。

对内埋弹舱流场对称面流线分布具体分析,图 2.24 为典型流线分布图,与空舱流场流线分布(图 2.14)比较,在 $L/D=6$ 时,内埋弹舱内存在三个明显的旋涡流动,分别位于 A(弹舱顶面与舱口剪切层之间)、B(导弹头部与弹舱前壁之间)、C(导弹下表面与舱口之间);随着 L/D 增大,旋涡 A 范围逐渐扩大,旋涡 B、

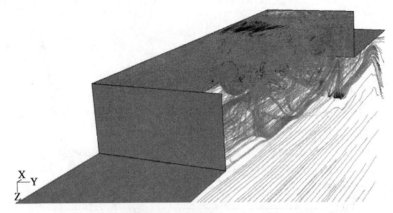

图 2.23　内埋弹舱三维流线

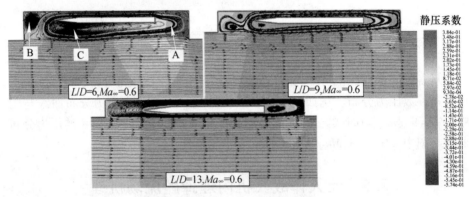

图 2.24　典型流场对称面流线图

C 强度逐渐减弱直至消失,在 $L/D=13$ 时,在导弹尾部和弹舱后壁面之间形成独立旋涡。

　　具体分析舱内流线结构,气流在弹舱前缘发生分离,一部分按照直线运动跨过弹舱形成舱口剪切层,另一部分向舱内扩张沿着弹舱前壁面运动与舱顶面碰撞与从舱后部向前部运动的气流碰撞后形成独立的旋涡 B。

　　舱口剪切层流动与弹舱后壁面发生碰撞,一部分气流随剪切层流出弹舱区域,另一部分则沿着后壁面进入舱内向舱顶面运动,与之发生碰撞后继续向舱前部运动。此时,因为内埋弹舱中导弹的存在,使得向前运动的流动通道变窄。气流在此分为两部分:一部分仍然通过导弹上表面与弹舱顶面的通道运动到弹舱前部,因为通道变窄导致流动速度增大,压力减小;另一部分气流则在撞击导弹尾部后沿着导弹下表面向弹舱前壁方向运动,在导弹头部两部分气流汇合对弹舱前部旋涡 C。气流与剪切层作用后与剪切层一起向后运动,在舱内形成一个较大范围的旋涡 A。

从压力系数大小分析,导弹头部的旋涡 C 流场区域的压力系数小于导弹尾部旋涡 A 中区域的压力系数,这种压力系数分布直接导致导弹具有低头运动的趋势;随着 L/D 增大,旋涡 C 区域逐渐减小,使得导弹的低头趋势减弱,并在 $L/D=13$ 时转变为"抬头"运动趋势。

以上对内埋弹舱流场流线结构的分析可知,导弹的存在使弹舱内导弹尾部和头部出现两处流动通道变化的地方,使得气流在弹舱内经历了压缩和扩展的过程,造成复杂的流动现象和独特的稳态压力分布特性。

2.6　小　结

本章阐述了本书所采用的数值计算方法,通过标准模型对其进行了验证;运用数值计算方法研究了内埋弹舱流场的稳态压力特性和稳态流动机理,主要工作和结论如下:

(1)概述了数值计算所采用的三维 N–S 控制方程及其求解方法、湍流模型和边界条件。采用 RAE2822 翼型和 ONERA M6 机翼模型对数值方法进行精度验证。结果表明:采用的数值计算方法可以满足研究的计算精度要求,湍流模型选用 SST $k-\omega$ 模型精度较高。

(2)运用以上验证的数值计算方法研究了内埋弹舱流场稳态压力特性。结果表明:内埋弹舱长深比 L/D 是影响流场稳态压力分布的主要参数,大 L/D 弹舱结构对导弹发射不利,$L/D=6$ 时流场有把导弹往舱内"吸"的作用力和使导弹"低头"的作用力矩,$L/D=13$ 时流场有把导弹往舱外"推"的作用力和使导弹"抬头"的作用力矩。来流速度不改变内埋弹舱流场稳态压力分布类型,随着速度值增大,稳态压力值仅产生正的平移量。

(3)分析了内埋弹舱流场的稳态流动机理,得到内埋弹舱稳态压力分布特性:内埋弹舱中流动通道在导弹尾部变窄,在导弹头部变宽,使气流在弹舱内经历了压缩和扩展过程,使得导弹所受稳态压力变化剧烈,并在流场中形成了复杂的旋涡结构。

本章的结论可为导弹发射前运动趋势分析和稳态流场控制提供理论依据。

第3章 无人作战飞机内埋式
导弹发射初始弹道理论建模

本章针对在内埋弹舱流场干扰下,导弹内埋发射初始弹道进行理论研究。运用渐进分析方法把导弹内埋发射过程简化为细长旋成体从舱内穿越滑移面的运动过程,采用复势函数方法和细长体理论推导细长旋成体从舱内分离过程中的受力和力矩,结合导弹动力学和运动学方程建立弹道理论分析模型,并对模型进行仿真验证。

3.1 内埋弹舱流场干扰下导弹
发射初始弹道研究现状

数值计算方法可以较准确地获得导弹从内埋弹舱分离的初始弹道,但是所需要的计算代价较大,对每一种案例都需要重新计算,并且不能从理论角度对导弹的安全分离准则进行讨论。因此,国外学者考虑对导弹从内埋弹舱分离的运动过程,通过合理简化,建立能够表征问题主要特征的低级模型。这方面研究需要运用空气动力学的理论知识进行数学推导,结合导弹飞行动力学知识联合完成。现有的研究现状如下:

Shalaev 等人[43]建立了一套基于弹体气动力和小扰动理论的导弹分离简化方程,研究导弹从弹舱分离的初始弹道问题。把导弹从弹舱分离的过程分为三个阶段:导弹在弹舱内运动、导弹穿越剪切层运动和导弹在弹舱外运动。结果表明:仿真结果和风洞试验结果数据吻合较好,并且发现导弹穿越剪切层运动阶段可能引起运动参数的突变。

Debashis Sahoo 等人[44]根据美军 HIFEX 研究项目的试验结果,结合 Shalaev 等人的理论分析,研究了以低阶导弹受力和力矩解析模型为基础,添加微射流控制模型条件下对导弹分离弹道模型的修正,并研究了微射流控制方式的最佳参数,所得结果与试验值对比验证了理论分析方法的可行性。

在导弹从内埋弹舱发射到发动机点火前的时间内,现有导弹的设计中都是对导弹控制面"锁闭"处理,导弹处于无控状态。本章将对这一阶段进行研究,称为导弹发射的初始阶段。这一阶段导弹的弹道参数大小和变化趋势关系到载机的安全性和导弹的命中精度,是导弹作战使用中非常关键的一个阶段。从文献[45]可知,导弹发射初始阶段,导弹受力和运动非常复杂,通常研究中采用的大气模型、导弹升力、阻力系数模型等已经不适合本阶段导弹弹道求解的特殊要求。风洞试验研究和理论研究是两种主要的研究方法,Robert L. Stallings 等人[46]试验研究了有翼导弹从长方体弹舱分离过程中的所受的空气动力特性,研究的弹舱长深比为 5 ~ 12。研究发现:对于浅舱结构,导弹与剪切层的相互作用强烈,影响导弹分离特性;对于深舱结构,剪切层跨过舱口与导弹相互作用较小,导弹分离弹道特性较好。理论研究方法包含理论建模和数值模拟,本章运用理论建模的方法研究导弹内埋发射初始弹道,而在第 4 章运用数值模拟方法对其进行研究。

通过对内埋弹舱流场特性和机理研究,发现影响导弹内埋发射初始弹道的因素较多,包括:重力作用;导弹自身的气动外形影响;导弹分离时具有的初始速度、角速度影响;由于舱口处变化的剪切层产生的不一致流场的作用;弹舱内脉动压力作用等。由导弹运动学和动力学知识可知,导弹的运动轨迹和姿态由导弹受力及力矩直接决定,因此,本章首先研究由于上述因素影响下导弹的受力和力矩,再结合导弹运动学和动力学方程建立初始弹道模型。在导弹受力和力矩模型建立时,首先运用渐进分析方法将导弹简化为细长体,运用空气动力学理论推导得到细长体附近流场的复势函数,最后通过细长体理论得到导弹受力和力矩。

3.2 导弹内埋发射初始运动过程分析

3.2.1 初始运动过程阶段划分和相关假设

导弹从内埋弹舱发射进入外部流场,在这个物理过程中,根据导弹与弹舱的相对位置不同,可以把分离过程分为三个阶段,后文用阶段 1 ~ 3 表示。其中:阶段 1,导弹在弹舱内运动;阶段 2,导弹穿越舱口剪切层离开弹舱;阶段 3,导弹完全处于弹舱外并在外部流场中运动。为了便于研究,本书考虑导弹在纵向平面的线运动和俯仰角运动。导弹运动阶段划分如图 3.1 所示。

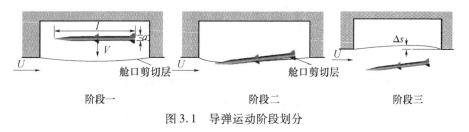

| 阶段一 | 阶段二 | 阶段三 |

图 3.1 导弹运动阶段划分

根据导弹外形尺寸,定义参数 δ 表示导弹最大半径与导弹长度之比,即

$$\delta = \frac{a_{\max}}{l} \tag{3.1}$$

从一些典型导弹的外形数据可知 $\delta \ll 1$ 是成立的,所以可假设导弹是细长体。

在弹舱内:用 V、U 分别表示导弹下落速度和舱外自由来流的速度;a、l 分别表示导弹半径和长度;s 表示导弹初始位置和舱口剪切层位置的纵向距离;Δ 表示由于导弹在弹舱内运动而引起的剪切层在 Y 轴方向的变形量;t_U、t_V 分别表示自由来流流过舱口剪切层的时间和导弹从初始位置下落到剪切层的时间。根据细长体导弹外形、弹舱外形和流动参数的数量级分析可得

$$\begin{cases} \dfrac{V}{U_\infty} \approx 0.01, \dfrac{a}{l} \approx 0.1 \Rightarrow \dfrac{V}{U_\infty} \ll \dfrac{a}{l} \\[3mm] \Delta \approx \dfrac{l}{U_\infty} \cdot V \ll d \\[3mm] t_U \approx \dfrac{l}{U_\infty}, t_V \approx \dfrac{s}{V} \Rightarrow \dfrac{t_V}{t_U} = \dfrac{U_\infty}{V} \cdot \dfrac{s}{l} \approx \dfrac{U_\infty}{V} \cdot \dfrac{a}{l} \gg 1 \end{cases} \tag{3.2}$$

从以上分析结论可知:当导弹处于阶段 1 时,从时间尺度上可把舱内沿 X 轴方向的流场看成是静止的;并且导弹下落对剪切层的干扰很小,即使在弹舱剪切层内存在强烈的短周期声学振荡,导弹惯性还是可以克服这些非定常的影响,使得导弹在弹舱内运动仍然满足刚体气动力学控制方程。

本书以深舱流场为例进行分析,假设弹舱长深比 $L/D \leqslant 6$。从第 2 章结论可知,外部流动直接跨过舱口而只有很小部分流体进入舱内,即把弹舱内流动假设为静止流动是合理的。

进一步分析,导弹下落过程中存在由重力加速度引起的速度 V,以及因导弹运动而诱导黏性流场引起的速度 V_{mix},把两者之比作为重力和黏性力的量级之比,可得

$$K = \frac{V}{V_{\mathrm{mix}}} \approx \frac{\sqrt{2gDRe}}{U_\infty} \tag{3.3}$$

式中:D 为弹舱深度;Re 为自由来流雷诺数;g 为重力加速度。对 $g = 10\mathrm{m/s}^2$,$Re = 10^6$ 可得重力和黏性力的量级比,见表 3.1。

表 3.1   重力和黏性力的量级比

$U_\infty/(\text{m/s})$	K	速度
100	40	亚声速
300	10	跨声速

由对比结果可知:黏性力与重力相比是小量,导弹在弹舱内运动时舱内流体可以视作无黏性流体。对于书中建立的低阶模型这一假设也是合理的。

当导弹在阶段 3 运动时,外部气流从导弹头部吹向导弹尾部,导弹在 Y 轴方向的受力主要包括重力、导弹运动运动所诱导的压力和气流不对称形成的净压力。根据 $\delta \ll 1$ 可知,单独由导弹引起的在 Y 轴方向的流动不对称性很小,对导弹纵向平面运动的影响微弱,可在建模时忽略这部分流场的影响。

3.2.2   问题求解方法分析

通过以上的假设分析,流过弹体的流体用细长体理论描述是合理的。在细长体理论中,导弹所受的空气动力主要由接近导弹表面的"近壁区域"流动控制。"近壁区域"的范围包括从导弹表面向外以导弹半径为量级的区域(图 3.2),则导弹在弹舱内运动阶段的流场可以分为"近壁区域"流场、舱内流场和舱外流场。在导弹运动过程的三个阶段,对近壁面流场区域可以建立形式相似的解。所以,本书在模型建立时认为导弹受力和力矩由"近壁区域"流场决定。

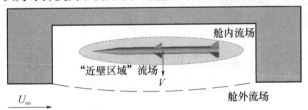

图 3.2   流场分区图

在"近壁区域"中,可以用位势函数求解与导弹运动相关的速度场[47]。因为速度势函数在导弹横截面上满足拉普拉斯方程,可以使用成熟的解析函数理论求解,并且由于拉普拉斯方程具有线性特征,所以拉普拉斯方程可以分段求解,直接把导弹运动的三个阶段建立联合方程分段求解。书中采用多项展开和保角变换相结合的方法求解位势函数方程。通过对位势函数求导得到"近壁区域"速度场,再运用非定常伯努利方程从速度场求解得到压力场。压力沿着弹体表面积分就可以得到作用在导弹上的力和力矩。然后运用导弹动力学和运动学方程可以求解导弹运动轨迹和姿态。在此主要分析导弹限制于垂向、横向和俯仰运动的三自由度动力学问题。这些模型建立和模型求解的方法也可扩展到包括滚转和偏航运动更复杂的情况。

舱口剪切层是导弹在阶段 1 和阶段 3 运动时的边界条件,在阶段 2 与导弹发生相互作用。因此,剪切层模型是整个问题建模的重要组成部分。剪切层的作用与剪切层厚度 δ_s 和导弹半径 a 的比值直接相关。对于多数实际问题,自由来流的雷诺数都在 10^6 量级,剪切层都很薄,以下关系成立:

$$\frac{\delta_s}{a} \ll 1, \ \delta^2 Re \gg 1 \left(Re = \frac{\rho_\infty U_\infty l}{\mu_\infty} \right) \tag{3.4}$$

式中:Re 为雷诺数;ρ_∞、μ_∞ 分别为自由来流的密度和黏度。

通过式(3.4)的第一个不等式可知,剪切层建模为滑移面,滑移面上切向速度存在间断,法向速度连续,压力和密度连续。式(3.4)中的第二个不等式可允许忽略黏性的影响,对剪切层以外区域使用势流理论。如果剪切层厚度与导弹半径相比很小,那么对势流的假设可获得精度满意的近似空气动力。因此,把剪切层视作滑移面可以获得整个问题的简化模型。

因为剪切层边界的外形不可预知,并且剪切层与导弹之间的相互作用具有强烈的非线性特性。为了建立合理简化的物理模型和快速的解算方法,使用小扰动近似方法对边界值问题进行简化[48],运用解析函数理论建立流场势函数和流函数解算方法并求解得到速度场,根据泊松方程获得滑移面波动的表达式。如此,则剪切层与导弹相互作用问题就简化为关于滑移面形状和复势流速度的线性微分方程。

3.3 导弹内埋发射初始运动过程气动力和力矩建模

3.3.1 初始运动过程整体模型推导

根据以上所述的问题求解思路,推导建立下面的求解模型。

建立弹体坐标系 $oxyz$ 和舱体坐标系 $OXYZ$ 和两者相互转换关系,侧视图和后视图及相关变量表示如图 3.3 所示。

舱体坐标系 $OXYZ$ 原点位于舱口平面中心位置。OX 位于舱口平面内,指向自由来流速度的相反方向,OY 表示垂直方向,OZ 与 XOY 平面构成右手坐标系。坐标系 $oxyz$ 的原点位于导弹重心上。ox 沿导弹对称轴指向弹头,oy 和 oz 轴构成横截面。oz 轴的方向与 OZ 轴方向重合。ox 轴与 OXZ 平面倾斜成角度 $\partial(t)$,oxy 平面绕着 oz 轴以角速度 $\omega(t)$ 旋转。

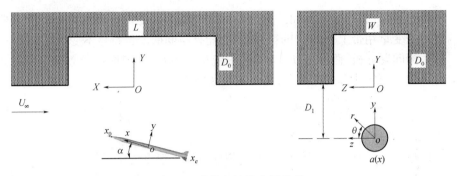

图 3.3　弹体与舱体坐标关系

除了使用直角坐标系外,使用极坐标系的极径 r 和极角 θ 表示导弹 oyz 截面内的坐标为

$$z = r\cos\theta, y = r\sin\theta \tag{3.5}$$

在以上坐标系框架下,考虑细长旋成体导弹在初始时刻 $t=0$ 从弹舱顶面分离。初始攻角 α_0、初始垂向速度 V_0 和初始角速度 ω_0 假设为小量,量级为 $O(\delta)$。导弹在重力作用下沿着弹舱对称面下落,从弹舱内运动到弹舱外气流中。舱内流动与舱外流动通过舱口剪切层分隔。

按照细长体理论[49]对参量进行无量纲化处理,对横向流动速度和坐标分别用 δU_∞ 和 a_{max} 处理,对流向和轴向坐标采用导弹长度 l 处理,对压强波动量采用 $\rho_\infty U_\infty^2 \delta^2 l^2$ 处理。具体为

$$\begin{cases} X' = \dfrac{X}{l}, Y' = \dfrac{Y}{a_{max}}, Z' = \dfrac{Z}{a_{max}} \\[2mm] x' = \dfrac{x}{l}, y' = \dfrac{y}{a_{max}}, z' = \dfrac{z}{a_{max}} \\[2mm] V'_c = \dfrac{V_c}{V_r}, \omega' = \dfrac{\delta U_\infty \omega}{l} \\[2mm] \alpha' = \dfrac{\alpha}{\delta}, t' = \dfrac{U_\infty t}{l} \end{cases} \tag{3.6}$$

式中:上标"′"表示无量纲变量,本书在理论推导中都是采用无量纲量运算,还是统一表示为不带上标的符号。

假设质心的 Z 轴坐标为常数,初始值 $Z_c(t)=0$,攻角 α 为小量,可得两坐标系转换关系为

$$X = X_c + x, Y = Y_c(t) + y - x\alpha, Z = Z_c + z \tag{3.7}$$

式中:$X_c(t)$、$Y_c(t)$ 分别表示导弹质心的流向和垂向坐标。

研究导弹内埋发射运动的过程涉及两个空间,即舱内空间和舱外空间。舱内空间的变量用带上标"+"的符号表示,舱外空间的变量符号不变。

根据问题分析,假设用 Φ^+ 表示舱内流场势函数,则根据势函数理论可以建立势函数与流场速度的关系,得舱内流场速度为

$$u^+ = \frac{\partial \Phi^+}{\partial X} = \Phi_X^+ \text{、} v^+ = \frac{\partial \Phi^+}{\partial Y} = \Phi_Y^+ \text{、} w^+ = \frac{\partial \Phi^+}{\partial Z} = \Phi_Z^+ \qquad (3.8)$$

式中:下标表示对参量求偏导。

同理,用 Φ 表示舱外流场势函数,得舱外流场速度为

$$u = \frac{\partial \Phi}{\partial X} = \Phi_X \text{、} v = \frac{\partial \Phi}{\partial Y} = \Phi_Y \text{、} w = \frac{\partial \Phi}{\partial Z} = \Phi_Z \qquad (3.9)$$

运用非定常伯努利方程可以建立流场压力与流场势函数和流场速度的关系,即

$$p^+ = -\left[\Phi_t^+ + \frac{\varepsilon}{2}(v^{+2} + w^{+2}) \right] \qquad (3.10)$$

$$p = -\left[\Phi_t + \Phi_X + \frac{1}{2}(v^2 + w^2) \right] \qquad (3.11)$$

式中:$\varepsilon = \dfrac{2a}{L}$ 为导弹直径与弹舱长度之比;下标"t"表示势函数对时间求偏导。

由流体力学基础可知,平面二维不可压缩无旋流动的势函数和流函数均满足拉普拉斯方程,因此属于调和函数[47]。那么基于书中的假设条件,在导弹 OYZ 横截面上流场势函数 Φ 和流函数 Ψ 都是调和函数。因此,引入复变量 $\zeta = Z + \mathrm{i}Y$,构造流场复势函数 $\Pi(X, \zeta, t)$ 和复速度 $W(X, \zeta, t)$,表达式如下:

$$\Pi(X, \zeta, t) = \Phi + \mathrm{i}\Psi \qquad (3.12)$$

$$W(X, \zeta, t) = \frac{\mathrm{d}\Pi}{\mathrm{d}\zeta} = w - \mathrm{i}v \qquad (3.13)$$

如图 3.4 所示,根据细长体和滑移面的位置关系可以建立流场求解在细长体表面 $Y = Y_b$ 处的边界条件:

$$\begin{cases} Y_b(X, Z, t) = H + a\sin\theta \\[2mm] r = a, Y_b > Y_f : v_n^+ = \dfrac{\partial \Phi^+}{\partial r} = V_e^+ \sin\theta \\[2mm] r = a, Y_b < Y_f : v_n = \dfrac{\partial \Phi}{\partial r} = a_X + V_e \sin\theta \\[2mm] H(X, t) = Y_0(t) - \alpha(t)X \\[2mm] V_e^+(X, t) = \dfrac{\partial H}{\partial t} = V_0(t) - \omega(t)X \\[2mm] V_e(X, t) = V_e^+(X, t) - \alpha(t) \end{cases} \qquad (3.14)$$

62

式中:v_n为垂直于细长体表面的法向速度;y_f为舱口处的滑移面纵向坐标值;$H(X,t)$为细长体轴线与$Y=0$平面的距离;方程(3.14)中第2和第3式分别对应着细长体表面在舱内和舱外的部分;$V_e^+(X,t)$、$V_e(X,t)$分别为细长体横截面的有效速度。

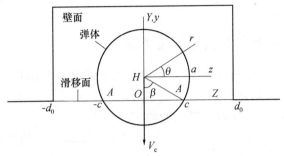

图3.4 细长体和滑移面的位置关系

滑移面可近似为零势能面,根据其特性可得滑移面条件。

滑移面纵向坐标可用函数表示为,$Y_f=\mu f(X,Z,t)$滑移面把计算空间分为舱内空间和舱外空间,根据滑移面上法向速度和压强的连续性建立边界条件:

$$\begin{cases} v^+(X,\mu f(X,Z,t),Z,t) = \mu(f_t+w_f^+f_Z) \\ \nu(X,\mu f(X,Z,t),Z,t) = \mu(f_t+f_X+w_f f_Z) \\ p(X,\mu f(X,Z,t),Z,t) = p^+(X,\mu f(X,Z,t),Z,t) \end{cases} \qquad (3.15)$$

式中:μ为滑移面扰动的特征尺度,用导弹长度与弹舱长度比值表示;下标f_t、f_X、f_Z分别表示对函数$f(X,Z,t)$的偏导数;下标f表示滑移面上的流动参数。

在"近壁区域"弹舱侧壁面对其的影响量级为$O(\varepsilon^2)$,这种影响非常微弱可以忽略。

在以上理论框架下,可以把细长体导弹从内埋弹舱分离的过程分解为以下独立的"单位"问题(表3.2),通过对"单位"问题求解得到总体解。

表3.2 "单位"问题分解

序号	运动描述	运动结果
1	细长体从壁面下落	a. 进入静止流体中; b. 进入运动流体中
2	细长体在下落运动中	a. 在静止流体中朝着滑移面运动; b. 在运动流体中远离滑移面运动
3	细长体正在穿越滑移面运动	

"单位"问题1a和2a的解联合起来就是导弹运动阶段1的解;"单位"问题3对应导弹运动阶段2;问题2b的解就是导弹运动阶段3的解。

运用多极点展开方法可以得到"单位"问题1、2的劳伦级数形式的解,并求解得到5项系数,可以据此计算流场特性。使用保角映射方法进行"单位"问题3的求解。

3.3.2 弹舱内和弹舱外运动阶段求解

在细长体理论中复速度$W(X,\zeta,t)$在横截面内是调和函数,细长体的横截面为一个半径为$a(X)$的圆形,圆心位于点$\zeta = iH(X,t)$。圆形分别以纵向速度$V_e(X,t)$和$V_e^+(X,t)$在自由流场和舱内流场中运动。

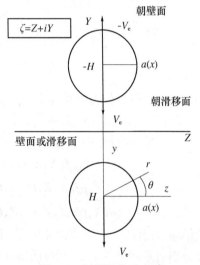

假设滑移面与平面$Y=0$重合。对于细长体在滑移面一侧运动情况,可以把问题转化为:求解法向速度满足条件式(3.14)的解析函数$W(X,\zeta,t)$,并使其在滑移面上实部为零,在壁面上虚部为零。

根据解析函数的性质,与壁面对称和与滑移面对称的解析函数的共轭分别表示为$W(\bar{\zeta}) = \overline{W(\zeta)}$和$W(\bar{\zeta}) = -\overline{W(\zeta)}$,则可以把细长体在滑移面一侧运动问题转换为关于$Y=0$平面对称的两侧运动问题,如图3.5所示。所得结果就可以运用于阶段1和阶段3的共同求解。

图3.5 问题转换示意图

运用柯西定理对函数$W(X,\zeta,t)$积分:

$$W(X,\zeta,t) = \frac{1}{2i\pi}\int_{|s|=a}\frac{W(X,iH+s,t)\,\mathrm{d}s}{\zeta - iH - s} +$$

$$\frac{1}{2i\pi}\int_{|\bar{s}|=a}\frac{W(-iH+\bar{s})\,\mathrm{d}\bar{s}}{\zeta + iH - \bar{s}} \tag{3.16}$$

对以上积分通过泰勒展开并根据对称性运用解析延拓可以得到方程的解和级数形式的复势函数:

$$W = \sum_{n=0}^{\infty} a^{n+1}\left\{\frac{C_{-n-1}}{(\zeta - iH)^{n+1}} \pm \frac{C_{-n-1}}{(\zeta + iH)^{n+1}}\right\} \tag{3.17}$$

$$\Pi = aA_{-1}\left[\ln(\zeta - iH) \pm \ln(\zeta + iH)\right] -$$

$$\sum_{n=1}^{\infty} \frac{a^{n+1}}{n}\left[\frac{C_{-n-1}}{(\zeta - iH)^n} \pm \frac{\overline{C}_{-n-1}}{(\zeta + iH)^n}\right] \tag{3.18}$$

$$C_{-n-1} = A_{-n-1} + iB_{-n-1}, A_{-2n} = 0, B_{-2n-1} = 0 \tag{3.19}$$

式中:"$\pm$"中"$+$"表示细长体在壁面附近运动的情况,"$-$"表示在滑移面附近运动的情况;函数 $C_{-n-1}(X,t)$ 表示位于点 $\zeta = iH(X,t)$ 处的复速度的劳伦级数系数,$A_{-n-1}(X,t)$ 和 $B_{-n-1}(X,t)$ 分别表示其实部和虚部。

对于细长体从壁面或滑移面下落的情况(阶段 1、阶段 3),可得系数的表达式为

$$\begin{cases} A_{-1} = a_x \\[2mm] B = B_{-2} = V_e \pm q\sum_{m=0}^{\infty}(-1)^m q^{2m}(A_{-2m-1} + qB_{-2m-2}) \\[2mm] A_{-2n-1} = \pm\dfrac{(-1)^n q^{2n}}{(2n-1)!}\sum_{m=0}^{\infty}\dfrac{(2m+2n-1)!}{2m!}(-1)^m \times \\[2mm] \qquad q^{2m}\left(A_{-2m-1} + \dfrac{2m+2n}{2m+1}qB_{-2m-2}\right) \\[2mm] B_{-2n-2} = \pm\dfrac{(-1)^n q^{2n+1}}{(2n)!}\sum_{m=0}^{\infty}\dfrac{(2m+2n)!}{2m!}(-1)^m \times \\[2mm] \qquad q^{2m}\left(A_{-2m-1} + \dfrac{2m+2n+1}{2m+1}qB_{-2m-2}\right) \end{cases} \tag{3.20}$$

式中

$$q(X,t) = 0.5a(X)/|H(X,t)| \leqslant 0.5$$

现分别对阶段 1 和阶段 3 对以的"单位"问题分析如下:

对于细长体导弹运动阶段 1 完整的速度解应该包含两个"单位"问题,即 1a 和 2a。对应的复速度分别用 $W_1^+(X,\zeta,t)$ 和 $W_2^+(X,\zeta,t)$ 表示,则阶段 1 完整的复速度解为

$$W^+ = W_1^+ + W_2^+ \tag{3.21}$$

其中的系数取低阶简化分析表示如下:

对于"单位"问题 1a,把上述系数中 V_e 用 V_e^+ 替换,并且令 $a_x = 0$ 可得

$$\begin{cases} B = V_e^+[1 + q^2(1 + q^2 + 3q^4 + 8q^6)] \\[2mm] A_{-3} = -2V_e^+ q^3(1 + q^2 + 4q^4) \end{cases} \tag{3.22}$$

对于"单位"问题 2a,可以得到系数计算式为

$$
\begin{cases}
B = V_e^+ \left[1 - q^2 (1 - q^2 - q^4) \right] \\
A_{-3} = -2V_e^+ q^3 (1 - q^2 - 2q^4) \\
B_{-4} = 3V_e^+ q^4 (1 - q^2 - 4q^4)
\end{cases}
\tag{3.23}
$$

对于细长体导弹运动阶段 3 完整的速度解对应着"单位"问题 2b,可得到系数计算式为

$$
\begin{cases}
B = V_e \left[1 - q^2 S_3(q) \right] - q a_x S_4(q) \\
A_{-3} = q^2 \left[a_x (1 - 2q^2 - q^4 - 4q^6) + 2q V_e (1 - q^2 + q^4) \right] \\
B_{-4} = q^3 \left[a_x (1 - 3q^2 - 3q^4) + 3q V_e (1 - q^2 - 3q^4) \right] \\
A_{-5} = -q^4 \left[a_x (1 - 4q^2 - 6q^4) + 4q V_e (1 - q^2) \right] \\
S_3(q) = 1 - q^2 - q^4 - 2q^6 \\
S_4(q) = 1 - q^2 - 3q^6
\end{cases}
\tag{3.24}
$$

同时,也可以得到细长体在外挂方式下投放的流场复势函数和复速度系数对应"单位"问题 1b,低阶系数表达式为

$$
\begin{cases}
B = V_e \left[1 + q^2 S_1(q) \right] + q a_x S_2(q) \\
A_{-3} = -q^2 \left[a_x (1 + 2q^2 + 5q^4 + 14q^6) + 2V_e q (1 + q^2 + 4q^4) \right] \\
S_1(q) = 1 + q^2 + 3q^4 + 8q^6 \\
S_2(q) = 1 + q^2 + 2q^4 + 5q^6
\end{cases}
\tag{3.25}
$$

以上建立了流场复势函数和复速度的计算表示式,根据式(3.10) ~ 式(3.13)可求解得到以极坐标表示的细长体表面势函数和压力场,具体公式如下:

$$
\begin{cases}
\Phi = -(2B - V_e) a \sin(\theta) + \phi \\
\phi = -2a \sum_{n=1}^{\infty} \left\{ \dfrac{A_{-2n-1}}{2n} \cos(2n\theta) + \dfrac{B_{-2n-2}}{2n+1} \sin\left[(2n+1)\theta \right] \right\}
\end{cases}
\tag{3.26}
$$

$$
p = \left\{ a(2B - V_e)_t + \frac{\left[(2B - V_e) a^2 \right]_x}{a} - 2(B - V_e) a_x \right\} \sin\theta +
$$

$$
2B u_1 \cos\theta - \frac{u_1^2}{2} - \phi_t - \phi_x + \frac{V_e^2 - a_x^2}{2} - 2B^2 \cos^2\theta
\tag{3.27}
$$

$$
p^+ = a(2B - V_e^+)_t \sin\theta + 2B u_1 \cos\theta - \frac{u_1^2 - V_e^{+2}}{2} - \phi_t - 2B^2 u_1 \cos^2\theta
$$

$$
\tag{3.28}
$$

式中:$u_1 = \dfrac{1}{a} \dfrac{\partial \phi}{\partial \theta}$;公式中下标"$t$"和"$x$"分别表示对参量求偏导。

对导弹横截面圆周上压力积分可得关于 x 轴坐标和时间 t 的本地升力 $F_x(x,t)$ 的计算公式,并根据细长体理论,沿导弹轴线积分计算细长体所受总升力和总力矩,具体公式如下:

$$\begin{cases} F_x(x,t) = -a\int_0^{2\pi} p\sin\theta \mathrm{d}\theta \\[2mm] F(t) = \int_{x_0}^{x_e} F_x(x,t)\mathrm{d}x \\[2mm] \dot{M}(t) = \int_{x_0}^{x_e} F_x(x,t)x\mathrm{d}x \end{cases} \quad (3.29)$$

把式(3.27)、式(3.28)代入式(3.29),系数用统一表达式(3.20)表示,可得细长体横截面在舱外流场和舱内流场所受压力分别为

$$F_x = -\pi\left\{ \begin{array}{l} \dfrac{\partial\left[(2B-V_e)a^2\right]}{\partial x} + a^2\dfrac{\partial(2B-V_e)}{\partial t} - 2(B-V_e)aa_x + 2BA_{-3}a - \\[3mm] 2a\sum\limits_{n=1}^{\infty}(A_{-2n-1}-A_{-2n-3})B_{-2n-2} \end{array} \right\}$$

$$(3.30)$$

$$F_x^+ = -\pi a\left[a\dfrac{\partial(2B^+-V_e^+)}{\partial t} + 2B^+A_{-3} - 2\sum_{n=1}^{\infty}(A_{-2n-1}-A_{-2n-3})B_{-2n-2} \right]$$

$$(3.31)$$

对所得的 F_x、F_x^+ 沿细长体轴线积分可得总升力,并求得俯仰力矩。对阶段1,计算式为

$$\begin{cases} F^+(t) = -\dfrac{\mathrm{d}V_a^+(t)}{\mathrm{d}t} + F_1^+(t) \\[3mm] M^+(t) = -\dfrac{\mathrm{d}\omega_a^+(t)}{\mathrm{d}t} + M_1^+(t) \\[3mm] F_1^+(t) = -2\pi\int_{x_0}^{x_e}\left[B^+A_{-3} - \sum_{n=1}^{\infty}(A_{-2n-1}-A_{-2n-2})B_{-2n-2} \right]a(x)\mathrm{d}x \\[3mm] M_1^+(t) = -2\pi\int_{x_0}^{x_e}\left[B^+A_{-3} - \sum_{n=1}^{\infty}(A_{-2n-1}-A_{-2n-2})B_{-2n-2} \right]a(x)x\mathrm{d}x \\[3mm] V_a^+(t) = \pi\int_{x_0}^{x_e}\left[2B^+(x,t) - V_e^+(x,t) \right]a^2(x)\mathrm{d}x \\[3mm] \omega_a^+(t) = \pi\int_{x_0}^{x_e}\left[2B^+(x,t) - V_e^+(x,t) \right]a^2(x)x\mathrm{d}x \end{cases}$$

$$(3.32)$$

对阶段 3,计算式为

$$
\begin{cases}
F(t) = -\dfrac{\mathrm{d}V_a(t)}{\mathrm{d}t} + F_1(t) \\[2mm]
M(t) = -\dfrac{\mathrm{d}\omega_a(t)}{\mathrm{d}t} + M_1(t) \\[2mm]
F_1(t) = -\pi a^2(x_e)[2B(x_e,t) - V_e(x_e,t)] + \\[2mm]
\qquad 2\pi \displaystyle\int_{x_0}^{x_e}\left[(B - V_e)a_x - BA_{-3} + \sum_{n=1}^{\infty}(A_{-2n-1} - A_{-2n-3})B_{-2n-2}\right]a(x)\mathrm{d}x \\[2mm]
M_1(t) = V_a - \pi a^2(x_e)x_e[2B(x_e,t) - V_e(x_e,t)] + \\[2mm]
\qquad 2\pi \displaystyle\int_{x_0}^{x_e}\left[(B - V_e)a_x - BA_{-3} + \sum_{n=1}^{\infty}(A_{-2n-1} - A_{-2n-2})B_{-2n-2}\right]a(x)x\mathrm{d}x \\[2mm]
V_a(t) = \pi \displaystyle\int_{x_0}^{x_e}[2B(x,t) - V_e(x,t)]a^2(x)\mathrm{d}x \\[2mm]
\omega_a(t) = \pi \displaystyle\int_{x_0}^{x_e}[2B(x,t) - V_e(x,t)]a^2(x)x\mathrm{d}x
\end{cases}
$$

$$(3.33)$$

至此,细长体导弹内埋发射过程的阶段 1 和阶段 3 导弹受力和力矩理论模型建立完成。

分析式(3.32)和式(3.33)可知,两式中总升力和总力矩表达式中的时间导数项表示由流场中流体惯性施加的作用,式(3.32)中第 2、3 式和式(3.33)中第 2、3 式中的积分项分别代表了壁面及滑移面边界的作用,非积分项表示流场在细长体轴方向上的压力梯度作用。

把式(3.22)~式(3.24)的系数代入模型中就可以得到升力和力矩的显式计算公式。

3.3.3　穿越剪切层运动阶段求解

对于阶段 2,即"单位"问题 3,根据相同的求解思路建立相同的求解方法,现把求解过程中的不同点进行如下分析。

在"单位"问题 3,滑移面把细长弹体表面分为三部分,即完全在舱内(舱外)部分($X_0 < X < X_1$)、完全在舱外(舱内)部分($X_2 < X < X_e$)和两者之间部分($X_1 < X < X_2$)。相对位置关系如图 3.6 所示。

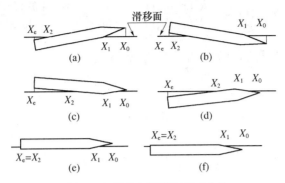

图 3.6 细长体与滑移面相对位置

细长体在 $(X_0 < X < X_1)$ 和 $(X_2 < X < X_e)$ 两部分区域的受力及力矩可运用阶段 1、阶段 3 的情况求解。只要完成对细长体 $(X_1 < X < X_2)$ 区域受力和力矩求解,就可得到阶段 2 细长体总受力和力矩。

结合细长体横截面图 3.4 分析可知,横截面与滑移面的交叉线为

$$Z = \pm c(X,t) = \pm a\sin\beta, \quad \beta(X,t) = \arccos\frac{H}{a} \quad (3.34)$$

截面圆在舱内的部分以速度 $V_e^+(X,t)$ 运动,表面的法向速度 $v_n = V_e^+\sin\theta$,截面圆在舱外的部分以速度 $V_e(X,t)$ 运动,表面的法向速度 $v_n = a_x + V_e\sin\theta$。那么各半平面问题转化为:求解法向速度满足上述条件的解析函数 $W(X,\zeta,t)$,使其在 $Y=0$,$|Z|>c$ 区间内实部为零。

针对截面圆舱内部分和舱外部分流场不同,参数存在间断的情况,对 $Y \leqslant 0$ 和 $Y > 0$ 的两段圆弧所围区域,分别根据保角变换原理[48],使其转换为复平面 $\sigma = \xi + i\eta$ 上的平面区域处理,如图 3.7 所示。

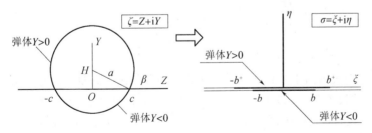

图 3.7 保角变换示意图

对 $Y \leqslant 0$ 区域的保角变换包含了细长体与滑移面的交叉部分和自由来流中的部分。变换后的区间为 $[-b,b]$,采用的保角变换为

$$\begin{cases} \zeta = f^-(\sigma, X, t) = c\,\dfrac{R^n(\sigma, X, t) + 1}{R^n(\sigma, X, t) - 1}, \dfrac{\partial \sigma}{\partial \zeta} = \dfrac{(\sigma^2 - b^2)(R^n - 1)^2}{4c^2 R^n} \\[2mm] n(X, t) = \dfrac{\pi - \beta}{\pi},\ R = \dfrac{\sigma + b}{\sigma - b},\ b(X, t) = \dfrac{c}{n} \\[2mm] l(\xi) = \left| \dfrac{\partial \sigma}{\partial \zeta} \right|_{\eta = 0, |\xi| < b} = \dfrac{(b^2 - \xi^2) D(\xi, n)}{4c^2 Q^n(\xi, b)} \\[2mm] Z(\xi) \big|_{\eta = 0} = c\,\dfrac{Q^{2n} - 1}{D},\ Y(\xi) \big|_{\eta = 0} = -2c\,\dfrac{Q^n}{D} \sin \pi \theta \\[2mm] D = Q^{2n} - 2Q^n \cos \pi n + 1,\ Q = \dfrac{\xi + b}{\xi - b} \end{cases}$$

$$(3.35)$$

对 $Y > 0$ 区域变换后的区间为 $[-b^+, b^+]$，保角变换形式为把式 (3.35) 中参数 n 用 $m(m = 1 - n)$ 替换的表达式。

运用阶段 1 和阶段 3 的计算方法，可求解得到复速度 $W(\sigma, X, t)$ 和复势函数 $\Pi(\sigma, X, t)$ 的计算公式分别为

$$\begin{cases} W(\sigma, X, t) = -iV_e\left(1 - \dfrac{\sigma}{\sqrt{\sigma^2 - b^2}}\,\dfrac{\partial \sigma}{\partial \zeta}\right) + \dfrac{a_x}{i\pi}\,\dfrac{\partial \sigma}{\sqrt{\sigma^2 - b^2}}\,\dfrac{\partial \sigma}{\partial \zeta} \displaystyle\int_{-b}^{b} \dfrac{\sqrt{b^2 - s^2}\,\mathrm{d}s}{(s - \sigma)l(s)} \\[3mm] \Pi(\sigma, X, t) = -iV_e\left[\zeta(\sigma) - \sqrt{\sigma^2 - b^2}\right] - \\[3mm] \qquad\qquad \dfrac{2iaa_x\sqrt{\sigma^2 - b^2}}{\pi} \displaystyle\int_{-b}^{b} \dfrac{\psi(s)\,\mathrm{d}s}{\sqrt{b^2 - s^2}(s - \sigma)} \\[3mm] \psi(s, n) = \arctan\left(\dfrac{Q^n(s) - 1}{Q^n(s) + 1} \cot \dfrac{\pi n}{2}\right) \end{cases}$$

$$(3.36)$$

式中：第一项表示由于细长体运动和所具有的攻角引起的复速度与复势；式第二项是由于细长体在流动方向上的外形变化所引起的增量。当 $n > 1/2$ 时，流动速度在自由表面与细长体交界处具有奇点，奇点类型为 $(\zeta^2 - c^2)^{1/2n - 1}$ 或 $(\sigma^2 - b^2)^{1/2 - n}$。既然奇点位置也是可积的，则升力和俯仰力矩就不是奇异的。但为了进行更高阶的近似，在这些点附近必须进行渐进分析。

在弹体表面 $\eta = -0, |\xi| < b$，流动势和压力表达为

$$\begin{cases} \Phi(x,\lambda,t) = \Phi_1 + \Phi_2 \\ \Phi_1 = V_e \dfrac{\sin\pi n}{n}\left(\sqrt{1-\lambda^2} - \dfrac{2nQ^n(\lambda)}{D(\lambda,n)}\sin\pi n \right) \\ \Phi_2 = -\dfrac{2aa_X}{\pi}\sqrt{1-\lambda^2}E(\lambda,n) \end{cases} \quad (3.37)$$

$$p(x,\lambda,t) = -A_{0t} - A_{0x} - \Phi_t - \Phi_x + \frac{V_e^2}{2}\left[1 - \frac{\lambda^2(1-\lambda^2)D^2(\lambda,n)}{16n^4Q^{2n}(\lambda)} \right] -$$

$$\frac{a_x^2}{2}\left[1 + \frac{(1-\lambda^2)D^2(\lambda,n)}{\pi^2 Q^{2n}(\lambda)}I^2(\lambda,n) \right] +$$

$$V_e a_X \frac{\lambda(1-\lambda^2)D^2(\lambda,n)}{4n^2\pi Q^{2n}(\lambda)}I(\lambda,n) \quad (3.38)$$

$$\lambda = \frac{\xi}{b}, E(\lambda,n) = \int_{-1}^{1}\frac{\psi(s)\,\mathrm{d}s}{\sqrt{1-s^2}(s-\lambda)},$$

$$I(\lambda,n) = \int_{-1}^{1}\frac{Q^n(s)\,\mathrm{d}s}{D(s,n)\sqrt{1-s^2}(s-\lambda)} \quad (3.39)$$

式中：$E(\lambda,n)$、$I(\lambda,n)$ 为积分的主值；$\Phi_1(x,\lambda,t)$、$\Phi_2(x,\lambda,t)$ 分别由细长体横截面垂直运动和轴向半径变化引起。当导弹在弹舱内时，流场势能和作用于导弹表面的压力通过上式求得，只需省略与 a_x 成比例的项并由 $m=1-n$ 代替式中的 n，上式在 $n\rightarrow 0$, $n\rightarrow 1$ 和 $\lambda\rightarrow\pm1$ 时都是可积的。

得到细长体在 $(X_1 < X < X_2)$ 区域中横截面的升力为

$$\begin{cases} F_x(x,t) = \displaystyle\int_{-c}^{c}p(x,z,t)\,\mathrm{d}z - \int_{-c}^{c}p^+(x,z,t)\,\mathrm{d}z = -\frac{\partial(\overline{\Phi}-\overline{\Phi^+})}{\partial t} - \frac{\partial\overline{\Phi}}{\partial x} + P(x,t) \\ P(x,t) = aV_e^2 P_1(x,t) - aa_x^2 P_2(x,t) + aa_x V_e P_{12}(x,t) - V_e^{+2}P^+(x,t) \end{cases}$$
$$(3.40)$$

通过计算可得势函数的平均值表达式为

$$\overline{\Phi}(x,t) = \int_{-c}^{c}\Phi(x,z,t)\,\mathrm{d}z = a^2\left[V_e\overline{\Phi}_1(n) + a_x\overline{\Phi}_2(n) \right] \quad (3.41)$$

如上所述，$\overline{\Phi}^+(x,t)$ 也可用相似表达式计算。

其中：第一项为

$$\overline{\Phi}_1 = \frac{1}{a^2}\left[\int_{-c}^{c}Y_b(z)\,\mathrm{d}z + \int_{-b}^{b}\sqrt{b^2-\xi^2}Z_\xi\mathrm{d}\xi \right]$$

$$= -\left[\pi(1-n) + \frac{1}{2}\sin2\pi n - \frac{\pi(2n^2+1)\sin^2\pi n}{6n^2}\right]$$

$$n \rightarrow 1 : \overline{\Phi}_1(n) \approx -2\pi(1-n)$$

$$\overline{\Phi}_1(0) \approx -\pi\left(1-\frac{\pi^2}{6}\right) \tag{3.42}$$

$$\begin{cases} \overline{\Phi}^+(x,t) = -V_e^+ a^2\left[\pi(1-m) + \frac{1}{2}\sin2\pi m - \frac{\pi(2m^2+1)\sin^2\pi m}{6m^2}\right] \\ m \rightarrow 1 : \overline{\Phi}^+(x,t) \approx -2V_e^+ a^2\pi(1-m) \\ m \rightarrow 0 : \overline{\Phi}^+(x,t) \approx -V_e^+ a^2\pi\left(1-\frac{\pi^2}{6}\right) \end{cases} \tag{3.43}$$

第二项为

$$\overline{\Phi}_2 = -4\frac{\sin\pi n}{n} \times \left\{e_0(n) - \frac{n}{2}\left[1 + \pi(1-n)\cot\pi n\right]\right\} \tag{3.44}$$

$$\overline{\Phi}_2(1) = 0, \overline{\Phi}_2(0) = -2(2\ln2 - 1)\pi$$

函数 $e_0(n)$ 的无量纲角度值和函数值的关系如图 3.8 所示。

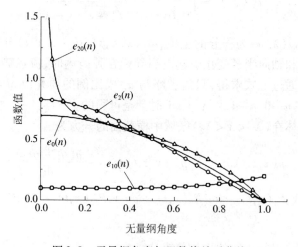

图 3.8 无量纲角度与函数值关系曲线

其计算公式为

$$e_0(n) = n\sin(\pi n)\int_{-1}^{1} \frac{Q^n(s)\,\mathrm{d}s}{D(s)\sqrt{1-s^2}} \tag{3.45}$$

$$n \rightarrow 1 : e_0 = \frac{\pi^2(1-n)}{8}$$

72

$$n \to 0 : e_0 = \ln 2 - \frac{\pi^2 n^2}{12}$$

式(3.40)中的第一个非线性项 $P_1(n)$ 由下列表达式计算：

$$P_1 = \sin\pi n \Big[1 - \frac{1}{8n^5} \int_{-1}^{1} \frac{\lambda^2(1 - \lambda^2) D^2}{Q^{2n}} \frac{\partial z}{\partial \xi} d\lambda \Big]$$

$$= \sin\pi n \Big[1 - \frac{1 - \pi n(1 + 2n^2)\cot\pi n}{6n^3} \Big] \qquad (3.46)$$

$$P_1(n) \approx -\frac{1}{2}\pi, P_1(0) \approx \frac{\pi(\pi^2 - 6)}{18}$$

式(3.40)中的第二个非线性项 $P_2(n)$ 由下列表达式计算：

$$P_2 = \sin\pi n \Big[1 + \frac{1}{\pi^2 n} \int_{-1}^{1} \frac{(1 - \lambda^2) D^2}{Q^{2n}(\lambda)} l^2 \frac{\partial Z}{\partial \xi} d\lambda \Big]$$

$$= 2\sin\pi n \Big\{ 1 + 2\frac{\cot^2 \pi n}{n} \Big[e_0(n) - \frac{n}{2}(1 + \pi(1 - n)\cot\pi n) \Big] - 4\frac{e_{10}(n)}{\pi^2 n^3} \Big\} \qquad (3.47)$$

$$P_2(1) \approx \frac{\pi}{2}, P_2(0) \approx \frac{3}{2}\pi(3 - 4\ln 2)$$

其中函数

$$e_{10}(n) = n^4 \int_{-1}^{1} \int_{-1}^{1} \frac{Q^n(s) Q^n(t) \ln Q(t) ds dt}{D(s) D(t) \sqrt{1 - s^2} \sqrt{1 - t^2}(t - s)} \qquad (3.48)$$

$$n \to 1 : e_{10} = \frac{\pi^2}{48}$$

$$n \to 0 : e_{10} = \frac{1}{4} \Big[2\ln 2 - 1 - \frac{\pi^2 n^2}{6}(3 - 4\ln 2) \Big]$$

式(3.40)中的第三非线性项 $P_{12}(n)$ 由下列表达式计算：

$$P_{12} = \frac{\sin\pi n}{4n^3\pi} \int_{-1}^{1} \frac{\lambda(1 - \lambda^2) D^2(\lambda, n)}{Q^{2n}(\lambda)} I(\lambda, n) \frac{\partial Z}{\partial \xi} d\lambda$$

$$= -\frac{1}{\pi n^2} \Big\{ 4[1 - \pi n\cot(\pi n)] e_0(n) -$$

$$2e_2(n) + \frac{2n^2 + 1}{6}\pi^2 \cos^2(\pi n) \Big\} \qquad (3.49)$$

$$P_{12}(1) = -\pi$$

$$P_{12}(0) = -\frac{\pi}{3}\Big(4\ln 2 + 2 - \frac{\pi^2}{2} \Big)$$

其中函数

$$e_2(n) = n\sin(\pi n) \int_{-1}^{1} \frac{Q^n(s)\ln Q(s)s\,\mathrm{d}s}{D(s)} \frac{}{\sqrt{1-s^2}} \qquad (3.50)$$

$$n \to 1 : e_2 = \frac{\pi^2(1-n)}{12}$$

$$n \to 0 : e_2 = \frac{\pi^2}{12}(1-2n^2)$$

作用于弹舱内弹体表面的非线性压力 $P^+(n)$ 表示为

$$P^+ = \sin\pi n\left\{1 - \frac{1+\pi n(1+2n^2)\cot\pi n}{6n^3}\right\} \qquad (3.51)$$

$$P^+(1) \approx -\frac{1}{2}\pi, P^+(0) \approx -\frac{\pi(\pi^2-6)}{18}$$

$(X_1 < X < X_2)$ 区域内总升力和力矩分别用 $F^{\pm}(t)$ 和 $M^{\pm}(t)$ 表示,计算为

$$
\begin{cases}
F^{\pm}(t) = -\dfrac{\mathrm{d}V_a^{\pm}(t)}{\mathrm{d}t} + F_1^{\pm}(t) \\[2mm]
M^{\pm}(t) = -\dfrac{\mathrm{d}\omega_a^{\pm}(t)}{\mathrm{d}t} + M_1^{\pm}(t) \\[2mm]
F_1^{\pm}(t) = \displaystyle\int_{x_1}^{x_2} P(x,t)\,\mathrm{d}x + x_{1t}[\overline{\Phi}^+(x_1,t) - \overline{\Phi}(x_1,t)] + \\[2mm]
\qquad\qquad \overline{\Phi}(x_1,t) - (1-x_{2t})\overline{\Phi}(x_2,t) - x_{2t}\overline{\Phi}^+(x_2,t) \\[2mm]
M_1^{\pm}(t) = \displaystyle\int_{x_1}^{x_2} P(x,t)x\,\mathrm{d}x + \int_{x_1}^{x_2}\overline{\Phi}(x,t)\,\mathrm{d}x + x_1[(1-x_{1t})\overline{\Phi}(x_1,t) + \\[2mm]
\qquad\qquad x_{1t}\overline{\Phi}^+(x_1,t)] - x_2[(1-x_{2t})\overline{\Phi}(x_2,t) + x_{2t}\overline{\Phi}^+(x_2,t)] \\[2mm]
V_a^{\pm}(t) = \displaystyle\int_{x_1}^{x_2}[\overline{\Phi}(x,t) - \overline{\Phi}^+(x,t)]\,\mathrm{d}x \\[2mm]
\omega_a^{\pm}(t) = \displaystyle\int_{x_1}^{x_2}[\overline{\Phi}(x,t) - \overline{\Phi}^+(x,t)]x\,\mathrm{d}x
\end{cases}
$$

$$(3.52)$$

式中: $x_1 = x_1(t)$, $x_2 = x_2(t)$ 分别表示细长体与滑移面的接触点坐标;参数下标 "t" 表示对参数求导。

阶段 2 细长体所受总升力和力矩可表达为

$$\begin{cases} F(t) = -\dfrac{\mathrm{d}V_a(t)}{\mathrm{d}t} + F_1(t) \\[2mm] M(t) = -\dfrac{\mathrm{d}\omega_a(t)}{\mathrm{d}t} + M_1(t) \\[2mm] F_1(t) = F_1^+(t) + F_1^\pm(t) + F_1(t) \\[2mm] M_1(t) = M_1^+(t) + M_1^\pm(t) + M_1(t) \\[2mm] V_a(t) = V_a^+(t) + V_a^\pm(t) + V_a(t) \\[2mm] \omega_a(t) = \omega_a^+(t) + \omega_a^\pm(t) + \omega_a(t) \end{cases} \quad (3.53)$$

至此,细长体导弹从弹舱下落运动过程的三个阶段受到的升力和力矩模型建立完毕。

3.3.4 导弹受力和力矩的渐进解及阻力建模

外部渐进解的形式由内部解的外部限制形式所定义。对无限跨度弹舱外部限制的解对应于体轴的偶极分布:

$$\Phi_0 = -\frac{D_d(x,t)}{r}\sin\theta \qquad (3.54)$$

对于阶段 2,有

$$D_d = -\frac{1}{\pi}\int_{-b}^{b}\frac{\sqrt{b^2 - s^2}\,v_{nb}(s)}{l(s)}\,\mathrm{d}s$$

对于阶段 3,有

$$D_d(X,t) = 2a(a_x H + B_{-2})$$

这种情况类似于流体流过薄机翼,运用高阶近似可以得到正确的外部解和流场阻力。分析表明,主要的限制因素包括流场的非定常型和弹舱有限跨度的影响。

接下来讨论各阻力类型的计算方法,尽管非定常项对外部渐进展开有显著的影响,但在很小的时间尺度上非定常项对阻力各分量的影响较小。因此,主要的阻力分量是,由于准定常流场流过旋成体面积为 $A_{eq}(x,t)$ 的横截面影响的结果。这对应于分布于弹体轴线 $Q_{eq}(x,t) = \partial A_{eq}/\partial x$ 上的源项的作用。

对于导弹运动阶段 2 可得

$$Q_{eq} = 2\varepsilon\frac{d_0\sin\pi n}{nd}\left[\frac{2A'(x)}{\pi}e_0(n) - A(x)V_e(1 + 2n^2)\frac{\sin\pi n}{6n}\right] \quad (3.55)$$

对于导弹运动阶段 3 可得

$$Q_{eq} = 2\varepsilon\big[H(x,t)A'(x) - A(x)B_{-2}(x,t)\big] \tag{3.56}$$

式中:$A(x)$为导弹的横截面面积,$A' = \mathrm{d}A/\mathrm{d}x$。

为便于进行外部渐进区域分析,引入如下的量纲处理:

$$\begin{cases} X' = \dfrac{X}{l}, \tilde{Y} = \dfrac{Y\delta}{l}, \tilde{Z} = \dfrac{Z\delta}{l}, \tilde{r} = \dfrac{r\delta}{l} \\[3mm] \tilde{p} = \dfrac{p - p_\infty}{\rho_\infty U_\infty^2 \delta^2} = -\varphi_X \\[3mm] \widetilde{\Phi} = lU_\infty\big[X' + \delta^2\varphi(X',\tilde{Y},\tilde{Z},t;K)\big] \end{cases} \tag{3.57}$$

式中:$K = (M^2 - 1)/\delta^2$为跨声速相似参数。外部势函数φ是 Karnan - Guderley (KG)跨声速小扰动轴对称流动边值问题的解。

$$\Big[K - (\gamma + 1)\frac{\partial\varphi}{\partial X'}\Big]\frac{\partial^2\varphi}{\partial X'^2} + \frac{1}{\tilde{r}}\frac{\partial}{\partial\tilde{r}}\tilde{r}\frac{\partial\varphi}{\partial\tilde{r}} = 0 \tag{3.58}$$

$$\tilde{r} \to \infty : \varphi \to 0$$

$$\tilde{r} \to 0 : \tilde{r}\frac{\partial\varphi}{\partial\tilde{r}} \to \frac{Q_{eq}}{2\pi}$$

为了通过求解 KG 方程计算得到弹体表面流场阻力,需要对$A_0(X',t)$进行任意函数积分

$$A_0(X',t) = \lim_{r\to 0}\Big[\varphi(X',\tilde{r},t) - \frac{Q_{eq}}{2\pi}\ln\tilde{r}\Big] \tag{3.59}$$

则导弹所受阻力可以通过对弹体表面的压力积分求得,阻力系数由以下四项相加得到:

$$C_D(t) = \frac{D}{\rho_\infty U_\infty^2 \pi\delta^2 l^2} = C_{DF}(t) + C_{DB}(t) + C_{DW}(t) + C_{DP}(t) \tag{3.60}$$

式中:摩擦阻力系数$C_{DF}(t)$通过对各处的摩擦系数$c_f(\tilde{X}, Re_x)$对弹体表面积分得到,即

$$\begin{cases} C_{DF}(t) = \dfrac{D_f}{\rho_\infty U_\infty^2 \pi\delta^2 l^2} = \dfrac{1}{\delta}\displaystyle\int_0^1 kc_f(\tilde{X}, Re_x)\,\mathrm{d}\tilde{X} \\[3mm] \tilde{X} = X' - X_0, Re_x = Re\tilde{X}[1 - U(t)], Re = \dfrac{\rho_\infty U_\infty l}{\mu_\infty} \end{cases} \tag{3.61}$$

式中:$U(t)$为导弹水平速度;系数k表示摩擦阻力只存在于弹体位移舱体以外的表面,即$(X_1 \leqslant X \leqslant X_2)$,$k = \beta/\pi$,当弹体全部位于弹舱外时$k = 1$,当弹体全部位于弹舱内时$k = 0$。因为$c_f$在跨声速条件下是马赫数的弱函数,对不可压轴对

称湍流边界层使用 Schultz – Grunow 修正,则有

$$\begin{cases} c_\mathrm{f}(\tilde{X}, Re_x) = \bar{c}_\mathrm{f}(Re_x) \left[\int_0^{\bar{X}} a^{\frac{7}{6}}(x)\,\mathrm{d}x \right]^{6/7} \\ \bar{c}_\mathrm{f}(Re_x) = 0.37(\lg Re_x)^{-2.584} \end{cases} \tag{3.62}$$

基础阻力系数 $C_\mathrm{DB}(t)$ 通过对压力差 $p_\mathrm{b} - p_\infty$ 在导弹尾部面积积分得到。可以表达为马赫数的函数:

$$C_\mathrm{DB}(M) = \frac{D_\mathrm{b}}{\rho_\infty U_\infty^2 \pi \delta^2 l^2} = \frac{a_e^2}{\gamma Ma^2}[1 - p_\mathrm{b}(Ma)] \tag{3.63}$$

式中:$Ma = Ma_\infty[1 - U(t)]$;a_e 为导弹的尾部半径;$p_\mathrm{b}(M) = p_\mathrm{b}/p_\infty$ 为无量纲基础压力。函数 $p_\mathrm{b}(Ma)$ 如图 3.9 所示

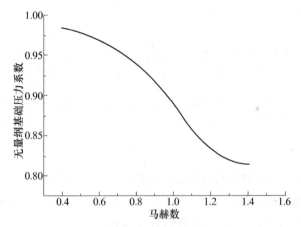

图 3.9   尖拱圆柱外形体马赫数与基础压力分布曲线[50]

在阶段 2,滑移面会导致新的影响。如果弹体尾部并没有完全浸入舱外流场,则由于在滑移面上的边界条件,基础压力 $p_\mathrm{b}(Ma) = 1$,对应的基础阻力系数 $C_\mathrm{DB} = 0$。

波阻力系数 $C_\mathrm{DW}(t, Ma)$ 可表达为函数 $A_0(X, t)$ 的函数:

$$C_\mathrm{DW}(t) = -2\delta^2 \int_{x_0}^{x_e} \left[\frac{\partial A_0}{\partial t} + \frac{\partial A_0}{\partial x} \right] A'\beta\,\mathrm{d}x \tag{3.64}$$

在每一个伪定常近似条件下,可以通过求解 KG 方程并计算函数 $A_0(X, t)$ 的值。

交叉流动阻力系数 $C_\mathrm{DP}(t)$ 由积分不包括 $A_0(X, t)$ 的压力分量项得到。弹体被分为三部分进行积分:第一部分处于弹舱内;第二部分处于交界面;第三部分

处于弹舱外。因此,交叉阻力系数可以表达为

$$
\begin{cases}
C_{DP}(t) = \dfrac{D_p}{\rho_\infty U_\infty^2 \pi \delta^2 l^2} = \delta^2 (C_{DP1} + C_{DP2} + C_{DP3}) \\[3mm]
C_{DP1}(t) = \displaystyle\int_{x_0,x_2}^{x_1,x_e} c_{x1}(x,t) A'(x)\,\mathrm{d}x \\[3mm]
C_{DP2}(t) = \displaystyle\int_{x_1}^{x_2} c_{x2}(x,t) A'(x)\,\mathrm{d}x \\[3mm]
C_{DP3}(t) = \displaystyle\int_{x_0,x_2}^{x_1,x_e} c_{x3}(x,t) A'(x)\,\mathrm{d}x \\[3mm]
c_{x1}(t) = -\delta^2 \left\{ \dfrac{\partial}{\partial t} \displaystyle\int_0^{2\pi} \Phi^+\,\mathrm{d}\vartheta + \int_0^{2\pi} [w^{+2} + v^{+2}]\,\mathrm{d}\vartheta \right\} \\[3mm]
c_{x2}(t) = -\delta^2 \left\{ \displaystyle\int_{-\beta}^{\beta} \left[\dfrac{\partial(\Phi - \Phi^+)}{\partial t} + \dfrac{\partial \Phi}{\partial x} \right]\,\mathrm{d}\vartheta + \int_{-\beta}^{\beta} [w^2 + v^2 - w^{+2} - v^{+2}]\,\mathrm{d}\vartheta \right\} \\[3mm]
c_{x3}(t) = -\delta^2 \left\{ \left(\dfrac{\partial}{\partial t} + \dfrac{\partial}{\partial X} \right) \displaystyle\int_0^{2\pi} \Phi\,\mathrm{d}\vartheta + \int_0^{2\pi} [w^2 + v^2]\,\mathrm{d}\vartheta \right\}
\end{cases}
$$

$$(3.65)$$

第一项 $c_{x1}(x,t)$ 对应于弹体位于弹舱内的部分,第二项 $c_{x2}(x,t)$ 对应于弹体处于交界面的部分,第三项 $c_{x3}(x,t)$ 表示弹体完全位于弹舱外的流场交叉阻力系数,这些阻力分量都可以表达为解析式的形式。

对于弹体处于交界面部分的阻力系数可以表示为

$$
c_{x2} = -\left(\frac{\partial}{\partial t} + \frac{\partial}{\partial x} \right) a\widetilde{\Phi}(x,t) + V_e^2 N_1(n) + a_x^2 N_2(n) + V_e a_x N_{12}(n)
$$

$$(3.66)$$

势函数对弹体横截面积分的平均值 $\widetilde{\Phi}(x,t)$ 通过下式计算:

$$
\widetilde{\Phi} = \int_{-b}^{b} \Phi(X,\xi,t) \frac{\partial Z}{\partial \xi}\,\mathrm{d}\xi = a_x \widetilde{\Phi}_2(n) - \widetilde{\Phi}_1(n) \tag{3.67}
$$

$$
\widetilde{\Phi}_1 = 4\frac{\sin n\pi}{n} \left\{ e_0 - \frac{n}{2}[1 + \pi(1 - n)\cot\pi n] \right\}
$$

$$
\widetilde{\Phi}_1(0) = 4\pi\left(\ln 2 - \frac{1}{2} \right), \quad \widetilde{\Phi}_1(1) = 0
$$

$$\widetilde{\varPhi}_2(n) = 4\frac{\sin n\pi}{n}e_{20}(n), \widetilde{\varPhi}_2(0) = 4\pi e_{20}(0), \widetilde{\varPhi}_2(1) = 0$$

函数 $e_{20}(n)$ 通过柯西积分得到,其曲线关系如图 3.8 所示;函数 $N_1(n)$ 的计算解析表达式为

$$\begin{cases} N_1 = -\dfrac{1}{2a}\displaystyle\int_{-b}^{b}\Big[1 - \dfrac{\lambda^2(1-\lambda^2)D^2}{16n^4Q^{2n}}\Big]\dfrac{\partial Z}{\partial \xi}\mathrm{d}\xi \\ \quad = \dfrac{\pi}{6n^2}\Big(1 + 2n^2 - \dfrac{\sin2\pi n}{2\pi n}\Big) - \pi(1-n) \\ N_1(1) = \dfrac{\pi}{2}, N_1(0) = \dfrac{\pi}{3}\Big(\dfrac{\pi^2}{3} - 2\Big) \end{cases} \tag{3.68}$$

函数 $N_2(n)$ 的计算解析表达式为

$$\begin{cases} N_2 = \dfrac{1}{2a}\displaystyle\int_{-b}^{b}\Big[1 + \dfrac{(1-\lambda^2)D^2}{\pi^2Q^{2n}}I^2(\lambda,n)\Big]\dfrac{\partial Z}{\partial \xi}\mathrm{d}\xi \\ \quad = \pi(2-n) + \dfrac{4\cos\pi n}{n\sin\pi n}\Big\{e_0 - 2\Big(\dfrac{\sin\pi n}{\pi n}\Big)^2e_{10} - \dfrac{n}{2}\big[1 + \pi(1-n)\cot\pi n\big]\Big\} \\ N_2(1) = \dfrac{\pi}{2}, N_2(0) = \dfrac{8\pi}{3} \end{cases}$$

$$\tag{3.69}$$

函数 $N_{12}(n)$ 计算公式为

$$\begin{cases} N_{12} = -\dfrac{1}{a}\displaystyle\int_{-b}^{b}\dfrac{\lambda(1-\lambda^2)D^2}{4n^2\pi Q^{2n}}I(\lambda,n)\dfrac{\partial Z}{\partial \xi}\mathrm{d}\xi \\ \quad = 4\Big(1 - \cos\pi n\dfrac{\sin\pi n}{\pi n}\Big)\dfrac{e_0(n)}{n\sin\pi n} + \dfrac{\cos\pi n}{\pi n^2}\Big[2e_2(n) - \dfrac{\pi^2(1+2n^2)}{6}\Big] \\ N_{12}(1) = \pi, N_{12}(0) = \dfrac{2\pi}{3}(4\ln 2 - 1) \end{cases}$$

$$\tag{3.70}$$

函数 $\widetilde{\varPhi}_0(n)$、$\widetilde{\varPhi}_1(n)$、$N_1(n)$、$N_2(n)$、$N_{12}(n)$ 的数值分布曲线如图 3.10 所示。

因此,交叉流动阻力系数可表示为

$$c_{x2} = a_x^2 + 2B^2 - V_e^2 + 2\sum_{n=1}^{\infty}(A_{-2n-1}^2 + B_{-2n-2}^2) \tag{3.71}$$

此计算公式对于导弹运动的阶段 3 仍然适用,对于导弹在弹舱内运动的情况可以得到相似的关系式。

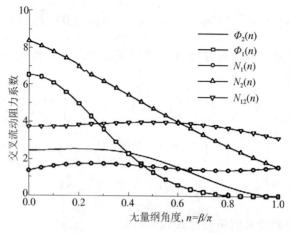

图 3.10　交叉流动阻力分布曲线

3.4　导弹内埋发射初始弹道模型和仿真验证

3.4.1　导弹内埋发射初始弹道模型

根据上述建立的理论模型,可以计算得到细长体导弹从弹舱内到弹舱外区域的受力和力矩。联合导弹动力和运动方程可以建立以下方程组,求解得到细长体导弹的弹道参数时间分布:

$$
\begin{cases}
\dfrac{\mathrm{d}^2 Y}{\mathrm{d}t^2} = \dfrac{\mathrm{d}V}{\mathrm{d}t} = c_1 F(t) - c_g \\[2mm]
\dfrac{\mathrm{d}^2 X}{\mathrm{d}t^2} = \dfrac{\mathrm{d}U}{\mathrm{d}t} = c_1 C_D(t) \\[2mm]
\dfrac{\mathrm{d}^2 \alpha}{\mathrm{d}t^2} = \dfrac{\mathrm{d}\omega}{\mathrm{d}t} = c_m M(t) \\[2mm]
F = \int_{x_0}^{x_e} \int_0^{2\pi} p'(x,\theta,t) a(x) \sin\theta \mathrm{d}\theta \mathrm{d}x \\[2mm]
C_D(t) = \dfrac{a_e^2}{\gamma e^2} [1 - p_b(e)] \\[2mm]
M = \int_{x_0}^{x_e} \int_0^{2\pi} p'(x,\theta,t) a(x) x \sin\theta \mathrm{d}\theta \mathrm{d}x
\end{cases}
\tag{3.72}
$$

相关参数表示如下:

80

$$c_1 = \frac{\rho_\infty l^3 \delta^2}{m}, c_g = \frac{gl}{\delta U_\infty^2}, c_m = \frac{\rho_\infty l^5 \delta^2}{I}$$

式中:F 和 M 分别表示升力和俯仰力矩;m、I 表示导弹的质量和转动惯量;$x_0(t)$、$x_e(t)$ 表示导弹前端和尾部面 X 轴坐标。

3.4.2 仿真验证

为了对模型进行验证,采用美国国防先进研究计划局支持的 HIFEX 项目风洞试验结果[51]与本书理论方法计算结果进行对比。HIFEX 项目旨在研究导弹内埋发射弹道和主动流动控制方法的作用。进行了大量的导弹重力投放和带初速投放试验,并提供了模型参数和试验结果用于数值试验和理论建模分析。

HIFEX 项目研究中提供了多种细长体导弹的弹身和弹头组合。书中选取其中一种组合的参数,见表 3.3 所列。

表 3.3 试验模型参数值

参数表示	m/g	$I/(\mathrm{kg \cdot m^2})$	l/nm	δ	c_1	c_g	c_m
参数值	46.14	8.0×10^{-4}	0.3048	3.125×10^{-2}	7.25×10^{-4}	1.61×10^{-2}	3.89×10^{-3}

采用与风洞试验相同的弹舱尺寸,长度 $L = 0.508\mathrm{m}$,宽度 $W = 1.0414\mathrm{m}$,深度 $D = 0.1016\mathrm{m}$;各试验细长体导弹模型的弹头为椭圆形,弹头长 $0.0904\mathrm{m}$;低速条件下风洞试验马赫数为 $0.12 < Ma < 0.43$;试验模型挂载位置坐标在本书坐标系中为 $(0\mathrm{m}, 0.05715\mathrm{m}, 0\mathrm{m})$;风洞试验数据通过照相法采集。

对试验模型在 $Ma = 0.18$,初始角度 $\alpha_0 = 0°$,速度 $V_0 = 0\mathrm{m/s}$ 条件下进行计算,并与风洞试验获得的 X、Y 方向位移和俯仰角 α 结果对比,如图 3.11 和图 3.12所示。其中 Cal Result 表示计算结果,Exp Result 表示试验结果。

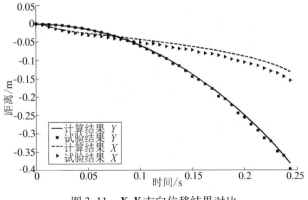

图 3.11 X、Y 方向位移结果对比

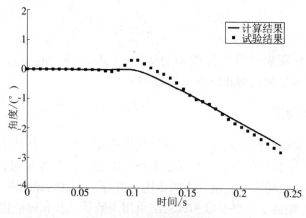

图 3.12 俯仰角结果对比

对比分析可得,书中建立的方法计算结果与风洞试验结果基本一致,表明所建模型的正确性。具体分析,计算所得细长体导弹在 Y 轴方向的位移与试验值差别最小,因为书中采用了低阶的简化模型所以位移分布较平滑,而实际风洞试验结果表现出了振荡分布;由于书中建立的阻力模型较简单,导致阻力计算偏小,在 X 轴方向位移试验结果比风洞结果小。同时由于实际阻力导致的俯仰力矩增加,使风洞试验俯仰角大于理论计算值,并在投放初期俯仰角增大。

为直观表示细长体运动轨迹,给出如图 3.13 所示 oxy 平面运动轨迹。从图中可知,细长体导弹从初始投放位置向来流下游和 Y 轴负方向运动,可以安全离开弹舱。两条轨迹主要在 X 方向存在差别,这是由于阻力影响的结果,轨迹在 Y 轴方向基本一致。

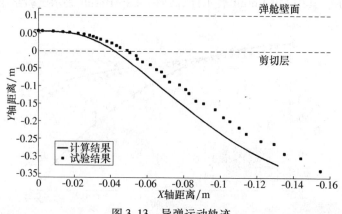

图 3.13 导弹运动轨迹

3.4.3　导弹内埋发射初始弹道影响因素研究

下面运用以上建立并验证的理论模型分析导弹内埋发射初始条件和导弹外形对初始弹道的影响。基础导弹模型参数见表 3.3 所列,计算的自由来流马赫数 $Ma_\infty = 0.9$,雷诺数 $Re = 6.47 \times 10^6$,导弹运动的质心初始位置和质心初始水平速度分别为 $X_0 = U_0 = 0$。在此设置的来流马赫数为高亚声速情况,以使导弹所受波阻影响表现的更加明显,用于研究导弹发射初始条件形成的波阻对水平初始弹道的影响。

分别计算了三种导弹直径 $D = D_0 = 0.953\text{cm}$,$D = 2D_0$ 和 $D = 3D_0$。导弹投放的初始条件为 $V_0 = 120\text{m/s}$,$\omega_0 = 200(°)/\text{s}$,$\alpha_0 = 0°$,$Y_0 = 2.54\text{cm}$。通过在固定导弹长度不变条件下改变导弹直径,无量纲弹舱宽度 d_0 与直径 D 成反比变化。图 3.14 ~ 图 3.17 表现了导弹直径大小对初始弹道特性的影响。

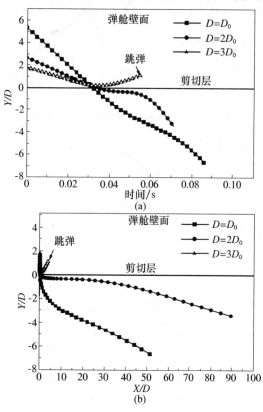

图 3.14　不同直径导弹的质心轨迹参数曲线
(a) 导弹质心垂向坐标时间曲线;(b) 导弹质心轨迹。

图 3.14(a)表现了导弹直径对导弹内埋发射质心垂直坐标的时间曲线,质心轨迹为 $X - Y$ 平面内运动轨迹。俯仰角和垂直速度随时间变化的曲线如图 3.15 和图 3.16 所示。从图中可以看出,导弹动力学与导弹的直径大小密切相关。当 $D = D_0$ 时,导弹以相对较短的时间就运动出了弹舱。当 $D = 2D_0$ 时,导弹几乎在弹舱口处于停滞状态,直到俯仰角变为负值后才从弹舱脱离。垂直方向位移仅为 4 倍导弹直径。在这个阶段,导弹向下游漂移,并在水平方向上存在 $X \approx 70D_0$ 的偏转,此距离远大于垂直向 $4D_0$ 的位移。

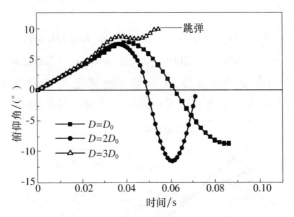

图 3.15　不同直径导弹俯仰角时间曲线

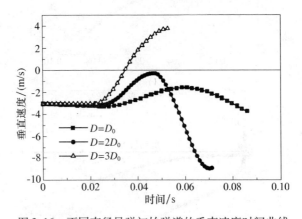

图 3.16　不同直径导弹初始弹道的垂直速度时间曲线

导弹直径大小直接影响平均俯仰角和俯仰角振荡频率。俯仰角振荡频率几乎与导弹直径呈线性增加。当 $D = 3D_0$ 时,将发生跳弹现象。导弹以相对较小的向下游运动位移,重新返回弹舱内。俯仰角则呈现小振荡后的单调增长,因为由流场施加的俯仰力矩相对于初始俯仰角速度而言较小。

图 3.17 给出了不同直径的导弹中心线运动轨迹。从图中可以看出，$D=3D_0$ 的导弹将返回弹舱内，$D=2D_0$ 的导弹将在弹舱口附近停滞较长时间，在这段时间内，导弹将顺流向下游运动，同时俯仰角将减小。$D=D_0$ 的导弹几乎是直接进入到弹舱外流场，并且导弹轨迹几乎不受弹舱的影响。

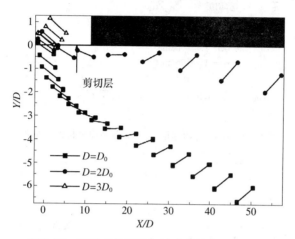

图 3.17　不同直径导弹初始弹道的中心线轨迹

研究导弹发射初始速度对导弹初始弹道的影响，其结果如图 3.18 ~ 图 3.22 所示。计算条件为 $\alpha_0=6°$，$\omega_0=0(°)/s$，$Y_0=2.54cm$。两种导弹发射初始速度分别为 $V_0=0.508m/s$，$V_0=0.762m/s$。图 3.18 给出了导弹重心运动时间曲线，图 3.19 给出了重心运动轨迹，图 3.22 给出了在 $V_0=0.508m/s$ 时导弹中心线时间历程。图 3.22 的结果表明导弹在发射时出现跳弹现象，并存在脱离弹舱后重新返回弹舱的现象。从图 3.20 中可知，当到导弹进入剪切层，由于导弹惯性作用，使得俯仰角增长缓慢。由于存在负俯仰力矩作用，导致 α 以较小的角速度减小。俯仰角的运动趋势给予导弹的俯仰力矩影响较小，不能使导弹减小到临界俯仰角度值。当 $V_0=0.762m/s$ 时，导弹在剪切层附近存在纵向停滞现象，在纵向停滞时间内导弹顺流运动较长距离。在本例中，导弹具有足够的负角速度以减小俯仰角到临界俯仰角角度值，保证导弹从弹舱内分离。图 3.21 表明，在两种情况下，垂直方向重心速度都增长为正值，当 $V_0=0.762m/s$ 时，重力已经足够大而可以导致导弹从弹舱内顺利分离；但 $V_0=0.508m/s$ 时，重力与流场气动力相互作用的净力作用却不足以保证导弹安全从弹舱分离。

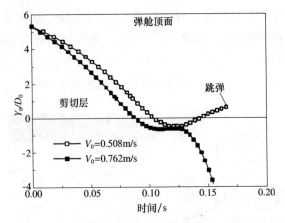

图 3.18   不同初始速度导弹质心垂向坐标时间曲线

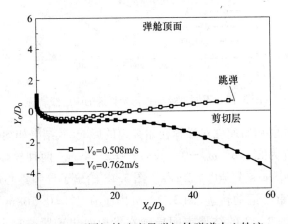

图 3.19   不同初始速度导弹初始弹道中心轨迹

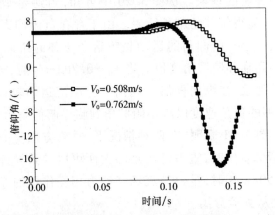

图 3.20   不同初始速度导弹初始弹道俯仰角时间曲线

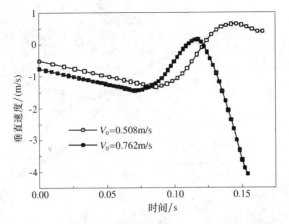

图 3.21 不同初始速度初始弹道质心垂向速度时间曲线

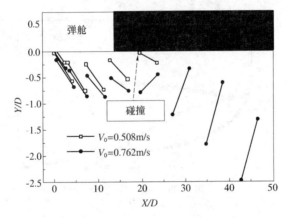

图 3.22 不同初始速度中心线轨迹图

图 3.23 ~ 图 3.26 表现了初始俯仰角对导弹初始弹道的影响。计算条件为 $Y_0 = 2.54\mathrm{cm}$，$V_0 = 0.508\mathrm{m/s}$，$\omega_0 = 0(°)/\mathrm{s}$。计算结果表明，导弹内埋发射弹道特性对初始攻角 α_0 非常敏感。初始攻角的偏差可能由导弹弹射机构引起或导弹发射时载机的机动引起。初始攻角变化量 $\Delta\alpha_0 = 1°$ 就可以对导弹初始弹道造成较大的扰动。如图 3.23 所示，当 $\alpha_0 = 5°$ 时，导弹安全从弹舱内分离，然而当 $\alpha_0 = 6°$ 时导弹却向弹舱内运动，不能安全发射。在接近临界初始攻角 $\alpha_0 = 5°$，导弹初始轨迹与图 3.19 和图 3.20 对初始速度 $V_0 = 0.762\mathrm{m/s}$ 的情况类似。但是，如图 3.26 所示，在不同初始俯仰角情况下，垂直方向重心速度却一直为负。当攻角为负的情况下，导弹尾部进入弹舱外流场中，然后重新返回到剪切区域。导弹脱离弹舱流场进入外部流场，并顺流向下游运动。通过与 $\alpha_0 = -6°$ 的计算结果比较，导弹快速穿过剪切层并与弹舱分离。

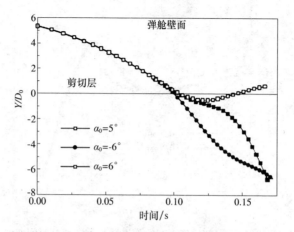

图 3.23 不同初始攻角导弹质心垂向坐标时间曲线

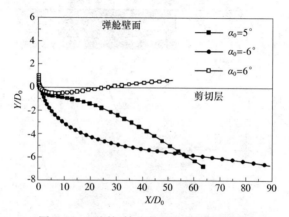

图 3.24 不同初始攻角导弹质心轨迹曲线

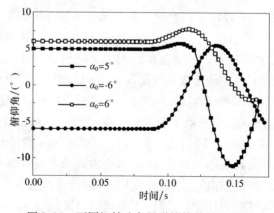

图 3.25 不同初始攻角导弹俯仰角时间曲线

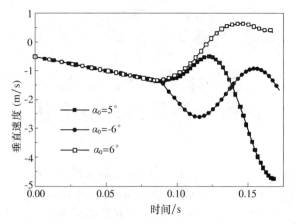

图 3.26　不同初始攻角导弹质心垂直速度曲线

3.5　小　结

本章对导弹从弹舱内发射的整个过程进行理论分析和建模。研究了细长旋成体导弹从弹舱分离过程中的受力和力矩,结合导弹动力学和运动学方程建立弹道理论分析模型,并对模型进行仿真验证。主要工作和结论如下:

（1）运用渐进分析方法把导弹内埋发射运动过程简化为细长旋成体从舱内穿越滑移面运动到舱外的运动过程,将运动过程按照时序分解为三个运动阶段,即弹舱内运动阶段、穿越剪切层运动阶段和弹舱外运动阶段。并运用细长体理论分析得到各阶段"近壁区域"决定细长体受力和力矩。运用复势函数理论和非定常伯努利方程建立了"近壁区域"内细长体横截面压力分布求解方法。

（2）运用柯西定理和泰勒展开方法求解得到细长体横截面在舱内和舱外运动阶段的势函数及压力分布,并结合运用保角变换方法求解得到细长体横截面穿越剪切层运动阶段势函数和压力分布;根据细长体理论推导得到了总升力和力矩计算公式。

（3）运用细长体简化阻力模型,结合升力和俯仰力矩模型,导弹运动学和动力学方程,建立了导弹内埋发射三自由度弹道模型,并进行数值仿真,与风洞试验结果对比,验证了书中弹道模型的正确性。

本章建立的模型可以解决低速情况下对导弹内埋发射初始弹道理论分析所需的模型问题。

第4章 无人作战飞机内埋式导弹发射
初始弹道数值计算方法

本章针对内埋弹舱流场干扰造成气动/运动紧密耦合情况下导弹内埋发射初始弹道数值计算问题,提出具有二阶时间精度的数值计算方法。通过标准模型计算结果与风洞试验结果对比验证该方法的准确性。运用该方法对某型导弹内埋发射初始弹道进行研究。本章建立的计算方法可用于气动/运动紧密耦合的弹道解算问题,所得结论将为导弹内埋发射的安全性设计提供理论依据。

4.1 引　言

导弹从载机发射的初始弹道问题是导弹内埋发射技术研究的重点问题,同时也是导弹内埋发射研究的主要推动力。当导弹从外挂方式转变为内埋方式时,流场特性发生的变化必然导致导弹受力和力矩产生新的特性,最终表现为导弹分离弹道将发生变化。国内外从风洞试验和数值计算两个方面对内埋导弹分离弹道进行研究,特定的案例还可与飞行试验数据进行对比。

在风洞试验方面,可以采用照相法和轨迹捕获系统(Capture Trajectory System,CTS)方法进行研究[52]。

照相法最早被用来研究外挂物分离特性。这种方法是在载机模型上装上外挂物相应尺寸的模型,在投放试验中用照相机在一块底片上连续曝光,记录下外挂物的运动轨迹和姿态,根据底片进行分析。照相法对无动力投放(外挂物无推力、无投放冲击力)的外挂物可较好地进行模拟,但对有投放/发射冲击力和力矩或有推力的外挂物模拟非常困难且获得的结果为定性研究结果。

图4.1为 Rudy A. Johnson 等人[53]通过照相法风洞试验研究了导弹模型从 B-1B 轰炸机内埋弹舱模型的分离轨迹,并研究了由于舱口非定常气动力对弹道的影响。结果表明,舱口剪切层对弹道的影响微弱。

轨迹捕获系统方法随后被开发出来用于飞机外挂物投放模拟[54]。这种方法的试验过程是:用机械手支撑外挂物于投放/发射初始位置,测量外挂物受到

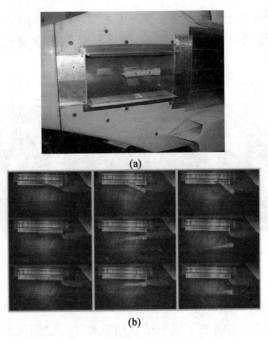

(a)

(b)

图4.1　照相法风洞试验设备和结果

的空气动力和力矩,并输入到与风洞相匹配的计算机中。在考虑投放/发射冲击力和力矩以及外挂物的推力特性等影响因素后,用计算机求解外挂物运动方程组,给出下一个时刻外挂物的位置和姿态。由计算机控制机械手来完成这一移动,在新的位置上重新测量和计算,如此循环。轨迹捕获系统原理框图如图4.2所示。

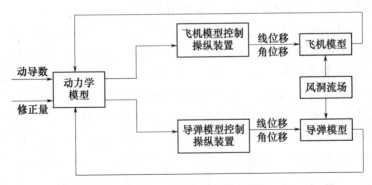

图4.2　轨迹捕获系统原理框图

　　Ji Hong Kim 等[55]对 T – 50/A – 50 飞机发射外挂导弹的弹道进行了风洞试验研究。如图4.3所示,整个试验分为三部分:首先试验获得导弹自由飞行时气动特性;然后对导弹处于外挂架静止状态下的流场进行风洞试验;最后对导弹从外挂架分离的过程利用 CTS 进行试验,并把试验结果应用于改进导弹的外形设计。

(a)   (b)   (c)

图 4.3　轨迹捕获系统实物图

Doyle T. Veazey[56]介绍了阿诺德工程发展中心(AEDC)PWT 风洞对导弹从载机分离试验的 CTS,并分析了风洞试验结果和飞行试验数据之间的误差产生的原因。美国空军和 AEDC 运用 CTS 进行了多项试验,研究了 A – 7D 飞机挂不同外挂物(有翼、无翼的 BLU – 1C/B、MK – 82GP、MK – 82SE)在不同马赫数(0.39 ~ 0.95)、不同高度(5000 ~ 7000ft)、不同载机迎角(1.8° ~ 12.3°)下外挂物的分离特性。

轨迹捕获系统较真实地模拟了外挂物的分离特性,是飞机研制、定型和改型不可缺少的试验手段。但是这种方法要求有大尺寸风洞、高速计算机、微机械手、准确的天平等,设备极其复杂,试验费用相当昂贵。

对于内埋导弹发射问题,由于内埋弹舱的空间较小,导弹位于弹舱内时机械臂对流场的干扰作用非常大,不能准确模拟导弹运动时的流场环境,所以对于内埋导弹的发射、分离问题,国内外还没有相应的 CTS 试验系统,主要的研究手段是以数值模拟为主,并且风洞试验也只能模拟一股气流对载机和导弹的作用,获得的数据还不全面。因此,随着计算流体力学理论的发展和计算机技术的快速进步,流场的数值计算结果越来越准确,精度达到了风洞试验和飞行试验的相同量级。随着各种高精度计算格式和处理方法的应用,数值计算结果也正在部分取代了风洞试验数据得并到 NASA 等研究机构的认可,还专门成立部门对其进行研究。

用数值计算方法研究导弹从内埋弹舱分离的问题可归结为一类气动与运动紧密联系的问题,对这类问题进行准确数值模拟需要在以下三方面联合求解:①准确的流场数值解算;②准确的弹道数值计算;③流场信息和弹道信息的高精度传递。

对这一问题,国外学者进行了多方面的研究[57]。W. L. Sickles 等人[58]利用 CFD 方法计算了 GBU - 38 炸弹从 B - 1B 轰炸机后弹舱投放的初始轨迹和姿态。采用 PEGSUS4 网格划分工具生成计算网格,采用的 NXAIR 作为 CFD 解算器,并采用 AEDC 的六自由度弹道计算代码。计算结果与飞行试验结果符合得很好,证明了联合运用数值计算方法求解导弹分离弹道的有效性。Udo Tremel 等人[59]运用基于非结构网格有限体积法求解 Euler 方程并联合求解六自由度弹道方程的方法建立了 SimServer 仿真系统,SimServer 仿真系统采用气动计算和运动计算的紧耦合算法(图 4.4),并用于对 JDAM 从 F/A - 18C 战斗机重力作用分离的轨迹进行计算。计算结果与飞行试验结果对比表明,紧耦合数值计算方法可以准确捕捉导弹的运动轨迹和姿态,与实际结果吻合较好。

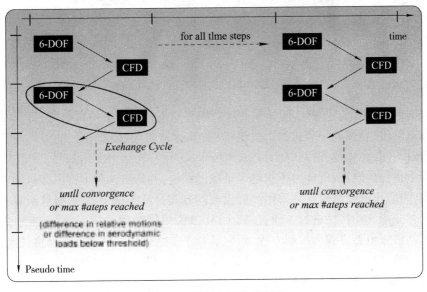

图 4.4　紧耦合算法原理图

Robert F. Tomaro 等人[60]为了验证 CFD 方法预测导弹气动力和运动轨迹的有效性,建立了 F/A - 18C 战斗机的载机计算网格,并运用并行非结构网格流动解算器 Cobalt,分别对黏性和无黏条件下,载机和外挂导弹的气动受力和力矩进行计算,并采用六自由度刚体运动方程计算导弹的轨迹和姿态。结果表明,两种情况下都与风洞试验结果一致,说明 CFD 方法可以有效预测导弹的受力和轨迹。Atwood[61]使用求解 B - L 湍流模型的 URANS 方法,对二维情况下导弹从内埋武器舱分离过程进行了研究,分别研究了导弹受控和不受控状态下的分离弹道,分析表明导弹分离0.3s后,不受控的导弹有一个指向弹舱的气动力,导致导弹指向了机体;但通过施加控制后导弹头部远离机体。

Mark E. Smith 等人[62]比较分析了 X－45A 无人战斗机投放灵巧炸弹的飞行试验轨迹数据和用 AEDC 流场和弹道计算软件获得的计算结果,如图4.5 所示,从图中可知两者吻合非常好,表明了数值计算方法处理机弹分离问题的可行性。

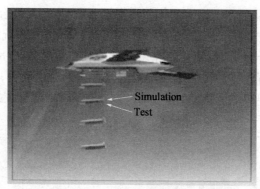

图4.5　X－45A 无人战斗机投放炸弹飞行试验和仿真计算结果

国内唐硕等人[63]对空射导弹发射初始弹道进行了数值仿真研究,得到在初始弹道阶段,导弹处于载机的干扰流场中,其运动轨迹、姿态和气动力均与单独飞行时不同,在导弹飞行0.05s 之前流场干扰强烈,气动力变化剧烈,在0.3s 后流场干扰变得温和,气动力干扰趋于平稳的结论,并指出这种干扰由载机的下洗所致,为防止机弹碰撞必须采用弹射投放的方式。黄冬梅[64]对某型号制导航弹的机弹分离气动特性进行了研究,以 CFD 数值模拟为理论依据,以三维非定常动态网格守恒型方程为控制方程,研究了基于非结构化网格的动态网格技术,并成功计算获得导弹运动速度、运动轨迹及受力等数据,同时获得导弹运动过程中与载机相互干扰等全流场特性的发展与变化。

刘瑜[65]应用基于嵌套网格的流场计算方法分析了弹舱舱门开启的动态过程流场,并分析了弹舱内导弹发射分离过程的流场情况,得到 AIM－120C 导弹发射后的六自由度运动,分析了导弹的安全分离情况。王巍[66]通过使用基于FLUENT 流场解算器和动网格技术得到导弹离机过程的六自由度运动参数,对内埋式导弹在亚声速和超声速条件下的分离轨迹及姿态变化进行了比较分析,得出了导弹安全分离的条件。达兴亚等人[67]研究了飞行力学方程和流场控制方程的耦合计算问题,并采用 Adams 法建立了信息交换的预估校正机制,结合嵌套网格技术对导弹的虚拟飞行进行了数值模拟,其结果与试验值吻合较好。

以上机弹分离的研究现状表明,使用流场计算与弹道解算相耦合的方法可以模拟导弹分离过程,得到弹道参数,但是要提高计算精度和计算效率就需要设计合适的气动计算及运动计算耦合机制。

国内外研究者对导弹发射初始弹道的研究表明,在初始弹道阶段,导弹运动会受到较强的气动干扰,形成独特的气动/运动紧密耦合问题。仅通过风洞试验也无法对导弹从弹舱分离过程中的相互干扰流场细节进行深入研究,数值计算方法逐渐发展成为一种有效手段。R. H. Nichols 等人[68]研究了采用嵌套网格求解外挂导弹发射弹道的方法。W. L. Sickles 等人[69]利用 CFD 方法计算了GBU – 38 炸弹从 B – 1B 轰炸机后弹舱投放的初始轨迹和姿态。Udo Tremel 等人[70]运用基于非结构网格有限体积法求解 Euler 方程并联合求解六自由度弹道方程的方法建立了 SimServer 仿真系统,并用于对 JDAM 从 F/A – 18C 战斗机重力作用条件下分离的轨迹进行计算。

在运用数值计算方法对导弹内埋发射初始弹道进行研究时,要对这个复杂过程进行研究必须解决流场计算与导弹受力、运动计算的耦合问题。耦合算法的精度将直接决定着初始弹道计算的精度。本章建立流场计算和弹道解算耦合的控制方程,把控制方程求解分为流体子系统和刚体子系统,推导了一种高阶时间精度的子系统间耦合算法,用于求解这类气动/运动紧密耦合的弹道计算问题,并通过对标准模型的计算,验证了计算方法的准确性。运用该方法对某型导弹内埋发射初始弹道进行数值仿真研究。

4.2　初始弹道数值计算模型和解算方法

由于内埋弹舱的气动干扰,使得导弹内埋发射初始弹道计算问题成为气动/运动紧密耦合的问题。本节采用流场计算控制方程和弹道计算控制方程联合对初始弹道建模,并将整个弹道解算系统分为流体计算子系统和刚体计算子系统。

考虑到导弹内埋发射运动过程中流场计算域边界是不停变化的,因此,计算域网格也会随着时间变化。在此采用 ALE 形式的三维 N – S 方程作为流场计算控制方程:对于通量 ϕ,在任意控制体 V 内运动边界的守恒方程积分形式为[71]

$$\frac{\mathrm{d}}{\mathrm{d}t}\int_V \rho\phi\mathrm{d}V + \int_{\partial V}\rho\phi(U-\dot{X})\mathrm{d}A = \int_{\partial V}\Gamma\nabla\phi\mathrm{d}A + \int_V S_\phi\mathrm{d}V \qquad (4.1)$$

式中:$\dot{X}$ 为动网格的网格变形速度,X 为与时间相关的流动网格点位移;S_ϕ 为通量的源项;∂V 为控制体 V 的边界。

导弹内埋发射运动的六自由度刚体动力学方程组为[73]

$$\begin{cases} \mathrm{d}\nu_x/\mathrm{d}t = F_x^i/m = (F_{xa}^i + F_{xe}^i + F_{xg}^i)/m \\ \mathrm{d}\nu_y/\mathrm{d}t = F_y^i/m = (F_{ya}^i + F_{ye}^i + F_{yg}^i)/m \\ \mathrm{d}\nu_z/\mathrm{d}t = F_z^i/m = (F_{za}^i + F_{ze}^i + F_{zg}^i)/m \\ \mathrm{d}\omega_x^b/\mathrm{d}t = [M_x^b + (I_{yy}^b - I_{zz}^b)\omega_y^b\omega_z^b]/I_{xx}^b \\ \mathrm{d}\omega_y^b/\mathrm{d}t = [M_y^b + (I_{zz}^b - I_{xx}^b)\omega_z^b\omega_x^b]/I_{yy}^b \\ \mathrm{d}\omega_z^b/\mathrm{d}t = [M_z^b + (I_{xx}^b - I_{yy}^b)\omega_x^b\omega_y^b]/I_{zz}^b \end{cases} \quad (4.2)$$

运动学方程组为

$$\begin{cases} \mathrm{d}x/\mathrm{d}t = v_x, \mathrm{d}y/\mathrm{d}t = v_y, \mathrm{d}z/\mathrm{d}t = v_z \\ \mathrm{d}\vartheta/\mathrm{d}t = \omega_y^b\sin\gamma + \omega_z^b\cos\gamma \\ \mathrm{d}\varphi/\mathrm{d}t = (\omega_y^b\cos\gamma - \omega_z^b\sin\gamma)/\cos\vartheta \\ \mathrm{d}\gamma/\mathrm{d}t = \omega_x^b - (\omega_y^b\cos\gamma - \omega_z^b\sin\gamma)\tan\vartheta \end{cases} \quad (4.3)$$

式中:ϑ、φ、γ 分别为导弹的俯仰角、偏航角和滚转角;ν 为线速度;ω 为角速度;I 为转动惯量;m 为导弹质量;F 为力;M 为力矩;上标 b 表示弹体坐标系下的各分量,i 表示惯性坐标系下的各分量;下标 a 代表空气动力,g 代表重力,e 代表其他外力。

流动控制方程(4.1)通过有限体积法进行空间离散,根据有限体积法原理,对运动网格上控制方程的离散表示:随时间变化的计算网格中,所包含的各参量值的变化率等于整个流动控制方程各参量的变化率。则离散后的方程可统一表达为

$$\frac{\mathrm{d}}{\mathrm{d}t}(V(x(t))\phi(t)) + \boldsymbol{\Phi}(\phi(t), x(t), \dot{x}(t)) = 0 \quad (4.4)$$

式中:"·"表示时间微分;V 表示有限体积法的单元体积矩阵,因其运用于运动网格,所以表示为 $V(x(t))$;$\boldsymbol{\Phi}$ 表示流动控制方程的参量,它是通量 ϕ、网格位置 $x(t)$ 和网格运动速度 $\dot{x}(x)$ 的函数。

六自由度刚体动力学方程可统一表示为

$$M\ddot{\theta}(t) = f^{ae}(p(\phi(t)), x_\Gamma(t)) + f^{ext}(t) \quad (4.5)$$

式中:M 为刚体质量或转动惯量;θ 为位移或角度;f^{ae} 和 f^{ext} 分别为作用于刚体表面的空气动力、力矩函数和其他作用力、力矩函数;$p(\phi(t))$ 为流场压力;$x_\Gamma(t)$ 为刚体与流体计算域的交界面。

刚体的运动学方程则表示为位移、角度与时间的函数关系,即

$$\dot{\theta} = f(\theta, t) \quad (4.6)$$

在求解刚体气动/运动耦合问题时,存在流体子系统和刚体子系统,流体子系统通过流动控制方程(4.1)解算,刚体子系统通过控制方程(4.2)和方程(4.3)解算。

要得到高精度的计算结果,首先要求每个子系统求解具有较高时间精度。在此对流动子系统采用具有二阶精度的三点后向差分格式求解,其在固定网格上表达为

$$V\left(\frac{3}{2}\phi^{n+1} - 2\phi^n + \frac{1}{2}\phi^{n-1}\right) + \Delta t\Phi(\phi^{n+1}) = 0 \qquad (4.7)$$

采用格心格式的有限体积法进行离散化处理,在运动网格上函数 $\boldsymbol{\Phi}(\phi^{n+1})$ 扩展为表示流动控制方程参量的时间平均值 $\overline{\boldsymbol{\Phi}}$,用控制体积的法向矢量 $\boldsymbol{\nu}(x)$ 和控制体积法向运动速度 $\boldsymbol{k}(x,\dot{x})$ 表示为

$$\overline{\boldsymbol{\Phi}} = \sum_{i=1}^{m} \omega_i \boldsymbol{\Phi}(\phi^{n+1}, \nu^{n+1}, k^{n+1}) \qquad (4.8)$$

则在运动网格上三点后向差分格式表示为

$$\frac{3}{2}V(x^{n+1})\phi^{n+1} - 2V(x^n)\phi^n + \frac{1}{2}V(x^{n-1})\phi^{n-1} + \Delta t\,\overline{\boldsymbol{\Phi}}(\phi^{n+1}, \nu^{n+1}, k^{n+1}) = 0$$

$$(4.9)$$

对刚体运动和动力学方程求解最重要的工作是微分方程的数值求解问题,因此,选用一种具有较高计算精度且又快速的微分方程求解方法,对仿真程序非常重要。为了得到较高阶的数值方法,避免计算高阶导数,与流体控制方程解算的精度相匹配,用于耦合算法研究,采用龙格–库塔(Runge – Kutta)算法对导弹运动学和动力学方程进行求解。

龙格–库塔算法是利用方程(4.6)在某些点处的值进行线性组合,构造出的一种计算公式,这种计算公式在用泰勒级数展开后初值问题的解与直接的泰勒级数展开有尽可能多的相同项。所以,这种方法还是间接应用了泰勒展开的思想,避免了计算高阶导数的困难。

龙格–库塔算法的一般表示形式为

$$\begin{cases} y_{n+1} = y_n + h\phi(x_n, y_n, h) \\ \phi(x_n, y_n, h) = \sum_{k=1}^{r} c_k K_k \\ K_1 = f(x_n, y_n) \\ K_k = f\left(x_n + \alpha_k h, y_n + h\sum \beta_{ki} K_j\right), k = 1, 2, \cdots, r \end{cases} \qquad (4.10)$$

式中:c_k、a_k、β_{kj}均为待定常数。

式(4.10)称为r阶的龙格－库塔算法。

文中采用四阶龙格－库塔法,具体表示如下:

$$\begin{cases} y_{n+1} = y_n + \dfrac{h}{6}(K_1 + 2K_2 + 2K_3 + K_4) \\ K_1 = f(x_n, y_n) \\ K_2 = f\left(x_n + \dfrac{1}{2}h, y_n + \dfrac{1}{2}hK_1\right) \\ K_3 = f\left(x_n + \dfrac{1}{2}h, y_n + \dfrac{1}{2}hK_2\right) \\ K_4 = f(x_n + h, y_n + hK_3) \end{cases} \tag{4.11}$$

流体子系统和刚体子系统两者既相互联系又相互独立,联系点是气动解算的压力最终要转化为作用于刚体表面的气动作用力和力矩,从而控制导弹的运动;导弹的运动又反过来造成流场的变化。两者独立原因:流体计算区域和刚体计算区域是分别应用不同的控制方程解算的,对于两者在网格中的交界面,如图4.6所示,在两个子系统中分别计算。

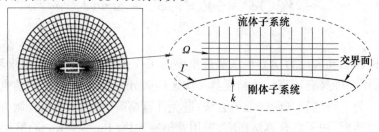

图4.6　耦合计算的两个系统交界面示意图

气动/运动耦合情况下物体运动引起网格运动的过程都是从刚体与流体的交界面开始的,但不能只存在于交界面上,为了保证整个流体计算域网格质量,需要将边界面的运动按照一定规则传递到整个流体计算区域。流体计算域和刚体表面形成的交界面如图4.6所示,在流体域内可以分为交界面上网格和非交界面上网格,分别用下标"Γ"和"Ω"表示;在刚体运动子系统交界面网格用$x_\kappa(t)$表示,因为刚体只存在表面网格,所用不用表示非交界面上的网格。

边界面上网格运动与流动区域网格运动应该满足以下关系:

$$k_\Omega(t)x_\Omega(t) + k_T(t)x_\Gamma(t) = 0 \tag{4.12}$$

式中:$k_\Omega(t)$、$k_\Gamma(t)$为控制变形的系数。式(4.12)表示边界面变形总量与区域内变形总量应相等。

98

对两个子系统的边界网格点的更新计算公式为

$$x(t) = x(\tau) + \int_{\tau}^{t} \dot{x}(\eta) \mathrm{d}\eta \qquad (4.13)$$

4.3 气动/运动耦合算法分析

目前,气动与运动耦合算法通常有全耦合算法(Fully Implicit Scheme,FIS)、紧耦合算法(Strongly Coupled Solution,SCS)和松耦合算法(Loosely Coupled Solution,LCS)。

在全耦合算法中,运动方程通常被假设为线性的一阶格式,并与流动方程结合为单系统一阶半离散方程,通过时间积分对这个单系统方程求解。这种解算策略与松耦合、紧耦合相比通常更加简洁,更加适合于数学分析,并且可以传递选择的时间积分精度[74]。然而,这种方法是一种极端的紧耦合算法,不能识别出流动和运动系统数学属性间的差别,并且这种方法不利于应用现有的流动和运动计算方法编程。从大多数文献中可知,全耦合算法至今只能用于简单的实际应用问题或理论分析问题。因此,下面主要对常用的松耦合和紧耦合算法进行分析。

4.3.1 松耦合算法和紧耦合算法精度分析

松耦合算法是将气动控制方程和运动控制方程用各自的解算方法在时间域计算,交错时间推进获得耦合系统的相应解。这种方法减少了每一步计算的复杂性,更有利于子系统(亚循环)的设计,但松耦合算法缺乏足够的时间精度和数值稳定性。其计算流程如下:

(1) 把 t^n 时刻的刚体子系统交界面位移 $x_\kappa^n(t)$ 和速度 $\dot{x}_\kappa^n(t)$ 传递给流体子系统;在流体子系统交界面处,运用式(4.13)更新网格,在区域内运用式(4.12)更新流场计算网格。

(2) 把流体子系统推进到 t^{n+1} 时刻,运用式(4.9)求解变量 ϕ^{n+1},并计算新的压力场 p^{n+1}。

(3) 把流体子系统压力 p^{n+1} 转换为交界面上的空气动力负载 $f^{ae}(p^{n+1}, x_\Gamma^{n+1})$,并传递到刚体子系统,运用式(4.5)进行刚体动力学计算。

(4) 运用式(4.6)把刚体子系统推进到 t^{n+1} 时刻,更新交界面位移和速度,返回步骤(1)。

对其进行时间精度分析如下:

流体子系统和刚体子系统通过耦合交界面传递位移与速度,从本质上分析是能量的传递,所以本书采用流体子系统和刚体子系统之间能量传递的误差来分析松耦合算法的时间精度。

根据松耦合算法的实现步骤可知,流体子系统和刚体子系统的计算都达到了二阶时间精度。对于流体子系统,从时刻 t^n 到 t^{n+1} 传递的能量 ΔQa_{n+1} 等于交界面处非定常流场求解所得的气动力做的功,表示为

$$\Delta Qa_{n+1} = \int_{n}^{n+1} f_{\Gamma}^{\mathrm{ae}}(t)\dot{x}_{\Gamma}(t)\mathrm{d}t \tag{4.14}$$

式中: $\dot{x}_{\Gamma}(t)$ 为流体子系统交界面网格速度。

根据松耦合思想直接在两系统间传递交界面网格位移,所以交界面网格速度可表示为

$$\dot{x}_{\Gamma}^{n+1} = \frac{x_{\Gamma}^{n+1} - x_{\Gamma}^{n}}{\Delta t}$$

则式(4.14)可表示为

$$\Delta Qa_{n+1} = \frac{1}{\Delta t}\int_{n}^{n+1} f_{\Gamma}^{\mathrm{ae}}(t)(x_{\Gamma}^{n+1} - x_{\Gamma}^{n})\mathrm{d}t \tag{4.15}$$

对于刚体子系统,从具有的动能和势能在相邻时刻之间的变化量的角度,把从 t^n 时刻到 t^{n+1} 时刻能量差 $\Delta Q\kappa_{n+1}$ 表示为

$$\Delta Q\kappa_{n+1} = \frac{f_{\kappa}^{n} + f_{\kappa}^{n+1}}{2}(x_{\kappa}^{n+1} - x_{\kappa}^{n}) \tag{4.16}$$

根据松耦合设计步骤可得,在两个系统耦合边界上有: $x_{\Gamma}^{n+1} = x_{\kappa}^{n}$ 。

假设 $f_{\Gamma}^{\mathrm{ae}}(t)$ 和 $x_{\kappa}(t)$ 都可表示为三角函数:

$$f_{\Gamma}^{\mathrm{ae}}(t) = f_0\cos(\omega t + \varphi), x_{\kappa}(t) = x_0\cos(\omega t)$$

则将上述两个三角函数表达式代入式(4.15),得

$$\Delta Qa_{n+1} = \frac{1}{\Delta t}\int_{n}^{n+1} x_0[\cos(\omega t_n) - \cos(\omega t_{n-1})]f_0\cos(\omega t + \varphi)\mathrm{d}t \tag{4.17}$$

积分后,得

$$\Delta Qa_{n+1} = \frac{f_0 x_0}{\omega \Delta T}[\sin(\omega t_{n+1} + \varphi) -$$
$$\sin(\omega t_n + \varphi)][\cos(\omega t_n) - \cos(\omega t_{n-1})] \tag{4.18}$$

令

$$f_1 = f_0 x_0\cos\varphi, f_2 = f_0 x_0\sin\varphi, h = \omega \Delta t$$

定义 $T = 2\pi/\omega$,考虑在 $[0, \mathrm{NT}]$ 内,流体子系统传递给刚体子系统的总能量可由

100

下式计算：

$$Qa_{\text{NT}} = \sum_{n=1}^{n=\frac{2N\pi}{h}} \Delta Qa_{n+1} \tag{4.19}$$

最终化简为

$$Qa_{\text{NT}} = f_1 \frac{N\pi}{h^2}\big[2\sin(h) - \sin(2h)\big] + f_2 \frac{N\pi}{h^2}\big[2\cos(h - \cos(2h) - 1\big] \tag{4.20}$$

利用泰勒级数展开，得

$$Qa_{\text{NT}} = N\pi\Big[f_1 h + f_2\big(1 - \frac{7}{12}h^2\big) + o(h^3)\Big] \tag{4.21}$$

同理，在$[0, \text{NT}]$内，刚体子系统得到的总能量为

$$Qk_{\text{NT}} = N\pi\Big[f_2\big(1 - \frac{5}{12}h^2\big) + o(h^4)\Big] \tag{4.22}$$

则两个子系统之间能量传递的误差为

$$\Delta Q = Qa_{\text{NT}} - Qk_{\text{NT}} = N\pi\Big[f_1 h - \frac{1}{6}f_2 h^2 + o(h^3)\Big] \tag{4.23}$$

对式(4.23)取极限

$$\lim_{\Delta t \to 0} \frac{\Delta Q}{\Delta t} = N\pi f_1 \omega$$

得

$$\Delta Q = N\pi f_1 \omega \Delta t + o(\Delta t^2) \tag{4.24}$$

由此可知，即使流体和刚体子系统都达到了二阶时间精度，但交界面上信息交换时间上的滞后，使得松耦合算法只满足一阶时间精度。为了减小误差，往往需要取很小的时间步长，限制了算法的稳定性范围和计算效率。

为了减小松耦合算法中积分交错不同步而引起的误差，引入添加预测-校正处理的多步迭代耦合算法，即紧耦合算法。其计算流程如下：

（1）把预测得到的t^n时刻的刚体子系统交界面位移$x_\kappa^n(t)^p$和速度$\dot{x}_\kappa^n(t)^p$传递给流体子系统；在流体子系统交界面处，运用式(4.13)更新网格，在区域内运用式(4.12)更新流场计算网格。

（2）根据预测的计算网格，流体子系统推进到t^{n+1}时刻，运用式(4.9)求解变量$(\phi^{n+1})^p$，并计算新的压力场$(p^{n+1})^p$。

（3）把流体子系统压力$(p^{n+1})^p$转换为交界面上的空气动力负载$f^{ne}(p^{n+1},$

101

$x_\Gamma^{n+1})^p$；根据预测的空气动力负载和原有的空气动力负载计算修正后的空气动力负载 $f^{ae}(p^{n+1}, x_\Gamma^{n+1})^C$，并传递到刚体子系统，运用式(4.5)进行刚体动力学计算。

（4）运用式(4.6)和预测算法，把刚体子系统推进到 t^{n+1} 时刻，更新交界面位移和速度，返回步骤(1)。

其中的预测算法可以采用 Adams – Bashforth 格式，对统一表达形式的方程(4.6)，其一阶到三阶的公式为

$$\begin{cases} \theta_{n+1} = \theta_n + \Delta t \cdot f(\theta_n, t_n) \\ \theta_{n+1} = \theta_n + \Delta t \Big[\dfrac{3}{2} f(\theta_n, t_n) - \dfrac{1}{2} f(\theta_{n-1}, t_{n-1}) \Big] \\ \theta_{n+1} = \theta_n + \Delta t \Big[\dfrac{23}{12} f(\theta_n, t_n) - \dfrac{16}{12} f(\theta_{n-1}, t_{n-1}) + \dfrac{5}{12} f(\theta_{n-2}, t_{n-2}) \Big] \end{cases} \quad (4.25)$$

修正算法可以采用三阶 Adams – Moulton 格式，其一阶到三阶的公式为

$$\begin{cases} \theta_{n+1} = \theta_n + \Delta t \cdot f(\theta_n, t_n) \\ \theta_{n+1} = \theta_n + \Delta t \Big[\dfrac{1}{2} f(\theta_{n+1}, t_{n+1}) + \dfrac{1}{2} f(\theta_n, t_n) \Big] \\ \theta_{n+1} = \theta_n + \Delta t \Big[\dfrac{5}{12} f(\theta_{n+1}, t_{n+1}) + \dfrac{8}{12} f(\theta_n, t_n) - \dfrac{1}{12} f(\theta_{n-1}, t_{n-1}) \Big] \end{cases} \quad (4.26)$$

式中：n 表示时间步；如果计算时采用 k 阶格式，则时间步长 Δt 会随之减小，导致截断误差也会减小，则计算的精度就提高，因为截断误差是与步长 Δt 的 $k+1$ 次方成正比的。由此可知，在相同时间步长下，高阶方法的截断误差比低阶的更小，因而具有更高的计算精度。对于上述的一阶方法即是松耦合算法，其时间精度只能达到一阶，存在很大的累积误差。

文献[75]的研究结论表明，采用预测 – 修正的紧耦合算法时，双时间步三阶 Adams 耦合算法，在保证流场计算精度的前提下，可以显著增大时间步长，从而缩短仿真时间。

采用松耦合精度分析中建立的运用能量传递误差的方法对紧耦合算法进行精度分析：

对于预测 – 修正的紧耦合算法，有

$$x_\Gamma^{n+1} = \lim_{p \to \infty} (x_\kappa^{n+1})^p$$

根据上面建立的精度推算方法可得，在 $[0, \mathrm{NT}]$ 内流体子系统传递的能量为

$$Qa_{\mathrm{NT}} = N\pi \Big[f_2 \Big(1 - \dfrac{h^2}{12} \Big) + o(h^4) \Big] \quad (4.27)$$

102

刚体子系统得到的能量计算式不变,则能量传递的误差为

$$\Delta Q = Qa_{\mathrm{NT}} - Qk_{\mathrm{NT}} = N\pi\left[f_2\frac{h^2}{3} + o(h^4)\right] \tag{4.28}$$

由于

$$\lim_{\Delta t \to 0}\frac{\Delta Q}{\Delta t^2} = \frac{1}{3}N\pi f_2\omega^2$$

则有

$$\Delta Q = \frac{1}{3}N\pi f_2\omega^2\Delta t^2 + o(\Delta t^3) \tag{4.29}$$

由上式可知,当预测步趋于无穷时,紧耦合算法具有二阶时间精度。但为了达到二阶时间精度,其代价就是需要在一个时间步内进行多步的预测 – 修正,这样的反复迭代计算必然会增加内部迭代次数,对于提高计算效率作用有限。

4.3.2 改进的松耦合算法设计

为了达到提高传统松耦合算法计算精度,同时保留其计算的效率,对传统松耦合算法进行改进。耦合算法流程如下:

(1)根据 t^n 时刻的刚体子系统交界面网格 x_κ^n 预测 $t^{n+\frac{1}{2}}$ 时刻的交界面网格,并传递给流体子系统。

$$x_\Gamma^{n+\frac{1}{2}} = x_\kappa^n + \frac{\Delta t}{2}\dot{x}_\kappa^n \tag{4.30}$$

(2)运用式(4.12)更新流场计算网格,运用式(4.9)求解流场变量,并计算 $t^{n+\frac{1}{2}}$ 时刻压力 $p^{n+\frac{1}{2}}$。

(3)把流体子系统压力 $p^{n+\frac{1}{2}}$ 转换为交界面上的空气动力负载 $f^{\mathrm{ae}}(p^{n+\frac{1}{2}}, x_\Gamma^{n+\frac{1}{2}})$;并预测 t^{n+1} 时刻刚体子系统气动力负载,运用式(4.5)进行刚体动力学计算。

$$f^{\mathrm{ae}}(p^{n+1}, x_\Gamma^{n+1}) = 2f^{\mathrm{ae}}(p^{n+\frac{1}{2}}, x_\Gamma^{n+\frac{1}{2}}) - f^{\mathrm{ae}}(p^n, x_\Gamma^n) \tag{4.31}$$

(4)运用式(4.6)把刚体子系统推进到 t^{n+1} 时刻,更新交界面位移和速度,返回步骤(1)。

时间精度分析:

在时间步从 n 到 $n+1$,流体子系统作用于耦合交界面上的功为

$$\Delta Qa_{n+1} = \Delta Qa_{n,n+1/2} + \Delta Qa_{n+1/2,n+1} \tag{4.32}$$

根据以上式,推导可得

$$Qa_{\mathrm{NT}} = N\pi\Big[f_1 \cdot \frac{h^3}{24} + f_2\Big(1 + \frac{h^2}{24}\Big) + o(h^4)\Big] \qquad (4.33)$$

在时间步从 n 到 $n+1$，刚体子系统从耦合交界面上得到的能量为

$$\Delta Q\kappa_{n+1} = \frac{f_\kappa^n + f_\kappa^{n+1}}{2}(x_\kappa^{n+1} - x_\kappa^n) = f_\kappa^{n+1/2}(x_\kappa^{n+1} - x_\kappa^n) \qquad (4.34)$$

推导得

$$Qk_{\mathrm{NT}} = N\pi\Big[f_2\Big(1 - \frac{h^2}{24}\Big) + o(h^4)\Big] \qquad (4.35)$$

两者之间能量差为

$$\Delta Q = Qa_{\mathrm{NT}} - Qk_{\mathrm{NT}} = N\pi\Big[\Big(f_1\frac{h^3}{24} + f_2\frac{h^2}{12}\Big) + o(h^4)\Big] \qquad (4.36)$$

由于

$$\lim_{\Delta t \to 0} \frac{\Delta Q}{\Delta t^2} = N\pi\frac{f_2}{12}\omega^2$$

则有

$$\Delta Q = \frac{N\pi}{12}f_2\omega^2\Delta t^2 + o(\Delta t^3) \qquad (4.37)$$

由上述证明可知，该耦合算法具有二阶时间精度。

4.4　初始弹道数值计算方法的实现

以上的三种耦合解算方法将通过用户自定义函数[75]（User Defined Function，UDF）结合六自由度弹道方程编写相应的程序，一起加载到流场计算程序中，弹道计算流程如图 4.7 所示。

在初始化时生成流场计算区域网格和导弹表面网格，导弹发射前进行稳态流场计算，确定流体子系统和刚体子系统的交界面网格，两系统间传递网格划分的边界信息。稳态流场计算收敛后，加载导弹的初始运动参数，则刚体子系统根据这些参数在弹道方程的控制下运动。由于导弹的运动引起交界面网格发生变化，根据耦合算法把刚体子系统引起的交界面网格位移传递到流体子系统，形成新的流场计算域，从而计算得到新的作用力和力矩传给刚体子系统，如此循环直至弹道解算完成。

模拟导弹从内埋弹舱分离的过程是一个相对运动的过程，因此在数值解算时，把弹舱与惯性坐标系固连，导弹建立弹体坐标系，两坐标系表示的参数值可

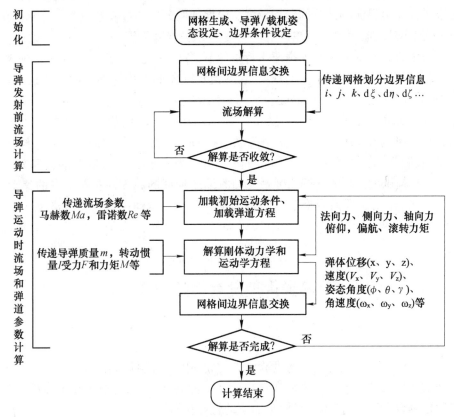

图 4.7　初始弹道计算流程

以通过由欧拉角决定的坐标转换矩阵互相转换。书中采用欧美坐标系定义方式,在惯性坐标系上建立导弹质心运动的动力学方程,在弹体坐标系上建立导弹绕质心转动的动力学方程。作用在导弹上的气动力和力矩通过对流场作用于导弹表面的压力积分得到。导弹的运动要通过网格变形方法传递给流体计算子系统,本书建立的流场计算网格是基于惯性坐标系的,所以,导弹的转动运动参数要通过以下变换才能传递给流体子系统,转换矩阵可以根据偏航角 ϕ、俯仰角 ϑ 和滚转角 γ 表示为

$$\boldsymbol{L}_1^0 = \begin{bmatrix} \cos\vartheta\cos\phi & -\sin\vartheta\cos\phi\cos\gamma + \sin\phi\sin\gamma & \sin\vartheta\cos\phi\sin\gamma + \sin\phi\cos\gamma \\ \sin\vartheta & \cos\vartheta\cos\gamma & -\cos\vartheta\sin\gamma \\ -\cos\vartheta\sin\phi & \sin\vartheta\sin\phi\cos\gamma + \cos\phi\cos\gamma & -\sin\vartheta\sin\phi\sin\gamma + \cos\phi\cos\gamma \end{bmatrix}$$

$$(4.38)$$

　　处理这种动边界的流场解算问题通常有嵌套网格和运动网格两种方法。嵌

105

套网格需要对流场进行挖洞和插值操作,运算量较大,书中选择非结构动网格方法来实现动边界流场计算问题。导弹从内埋弹舱分离的过程是一个计算域存在较大变形的过程,因此采用单一的网格变形方法难以为流场计算提供有效的实时网格生成。特别对于在超声速飞行条件下,导弹在运动过程中会存在激波、膨胀波与剪切层干扰等复杂流动现象,这些流动现象的准确捕捉与网格质量有很大关系。因此,书中采用自适应非结构动网格方法,网格更新采用适用于小变形的弹簧原理方法和适用于大变形的局部网格重构方法相结合的方式,两者的交接标准与流场的实时计算相关联,自适应准则选用压强梯度判定准则。网格更新采用弹簧光顺法和局部网格重构法来完成。当网格运动位移较小时,在弹体附近的网格点按照弹簧受力收缩或伸展的原理控制网格点的移动。在平衡时,作用在任何网格节点的力为零。在边界运动位移大于网格尺寸时,把被破坏的网格建立一个集合,采用局部网格重构法在原区域上生成新的网格[76]。

4.5 导弹内埋发射初始弹道模拟

4.5.1 方法验证

首先对 3.5 节理论模型仿真验证中的导弹内埋发射风洞试验模型进行二维平面的数值计算。采用的模型参数和计算条件见 3.5 节,在此采用本章提出的二阶松耦合方法,计算得到纵向平面运动轨迹和俯仰角时间曲线如图 4.8 所示。

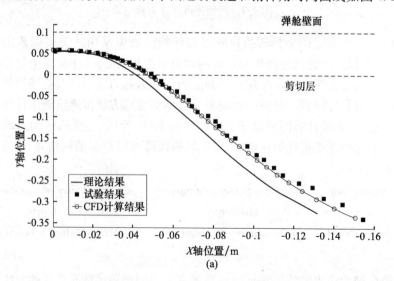

(a)

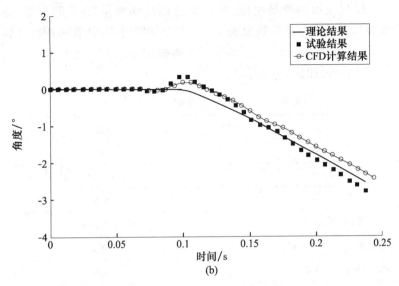

图 4.8　运动轨迹和俯仰角曲线

对比结果表明,位移和俯仰角两方面都与试验值基本一致,虽然是二维情况下的计算结果,也可说明本章的导弹初始弹道数值计算方法的可行性。

下面通过一个典型的武器外挂模型的计算来验证书中计算方法的三维超声速条件下的准确性,计算模型和网格如图 4.9 所示。对于此典型的挂架/炸弹挂载于后掠三角翼模型,阿诺德工程发展中心(Arnold Engineering Development Center, AEDC)对该结构的 1/20 尺度模型进行了多次风洞试验,获得了详细的气动和运动数据,具体的数据可参考文献[77]。

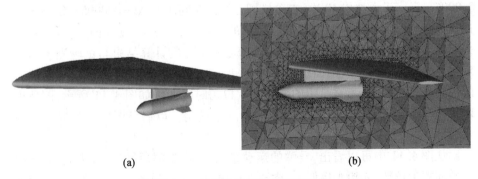

(a)　　　　　　　　　　　　　　(b)

图 4.9　导弹外挂计算模型和网格

机翼的模型为 45° 后掠三角翼模型,翼根弦长 7.62m,翼展 6.6m,采用 NA-CA64A010 翼型。机翼下的挂架距离翼根 3.3m,距离机翼前缘 0.61m,导弹由尖拱形的弹头和圆柱形的弹身组成,弹尾部有四片弹翼呈"×"形布局,弹翼为NACA008翼型。仿真计算参数见表4.1。需要特别说明,计算采用的惯性坐标系 X 轴从翼后缘指向前缘,Y 轴从翼尖指向翼根,Z 轴按照右手法则确定为指向下。这也是以后研究的统一坐标系。

表 4.1 武器模型参数和计算条件

参数	数值
质量 M/kg	907
长度 L_d/m	3.0175
弹径 D_d/m	0.5
质心位置 x_{CG}/m	1.417(距弹头最前端)
转动惯量 $I_{xx}/(\text{kg}\cdot\text{m}^2)$	27
转动惯量 $I_{yy},I_{zz}/(\text{kg}\cdot\text{m}^2)$	488
前弹射位置 L_{FE}/m	1.2375(距弹体最前端)
前弹射力 F_{FE}/N	10700
后弹射位置 L_{AE}/m	1.7465(距弹体最前端)
后弹射力 F_{AE}/m	42700
弹射器运动距离 L_{ES}/m	0.1

边界条件设定为压力远场和压力出口条件,来流马赫数为1.2。松耦合算法时间步长 $\Delta t=0.0002\text{s}$,每一时间步内迭代 20 次,紧耦合算法时间步长 $\Delta t=0.0005\text{s}$,每一步内迭代 40 次,二阶松耦合算法时间步长 $\Delta t=0.0005\text{s}$,每一步内迭代 20 次,可以得到导弹位移和欧拉角的时间历程,图 4.10 和图 4.11 显示了采用二阶松耦合算法(SLCS)和紧耦合算法(SCS)的计算结果与试验测量值的对比。导弹质心位移时间曲线如图 4.10 所示,图中 X、Y、Z 分别表示三个轴向的位移,EXP 表示参考文献中的数据。欧拉角时间曲线如图 4.11 所示,图例中Roll、Pitch、Yaw 分别表示滚转角、俯仰角和偏航角。以后各图中的相同图例表示的意义同上。

从图 4.11 中可以看出,导弹的运动是向下、向机翼后缘、向翼尖运动,同时呈现向翼尖偏转、先抬头后低头、绕导弹轴线向翼尖滚转的运动。两种耦合算法计算得到的质心位移非常接近,并且与文献[77]的风洞试验位移数据符合很好,以至于都不易从图中分辨出差别;从导弹欧拉角时间分布曲线可得,两种耦合算法得到的数据与试验值基本吻合,二阶松耦合算法在三个角度上的计算结

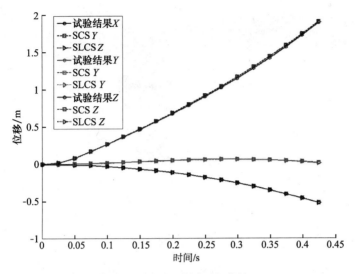

图 4.10　质心位移时间曲线

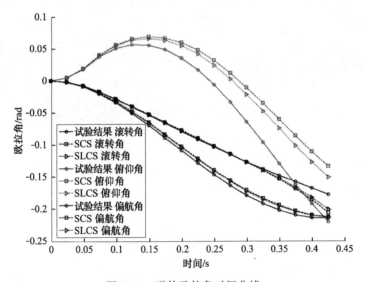

图 4.11　弹体欧拉角时间曲线

果都略优于紧耦合算法计算结果。图 4.12 给出了试验测量和二阶松耦合算法计算的导弹连续运动的位置和姿态。浅色的表示试验结果,深色的表示二阶松耦合算法计算结果。

　　以上结果说明,书中建立的计算方法可以有效解决气动/运动紧密耦合条件下的弹道解算问题,二阶松耦合算法可以准确获得弹道参数变化,本章将采用二阶松耦合算法进行以下的研究。

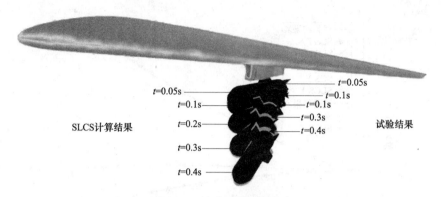

SLCS计算结果

$t=0.05s$
$t=0.1s$
$t=0.2s$
$t=0.3s$
$t=0.4s$

$t=0.05s$
$t=0.1s$
$t=0.1s$
$t=0.3s$
$t=0.4s$

试验结果

图 4.12　导弹连续运动状态

4.5.2　内埋弹舱流场对初始弹道的影响

为了研究内埋弹舱流场对导弹发射初始弹道的影响,首先对 4.5.1 节中验证算例的导弹模型做内埋弹舱发射计算,采用的模型参数和计算条件都保持不变,只是把导弹从外挂方式变换为内埋方式,计算模型和网格如图 4.13 所示。

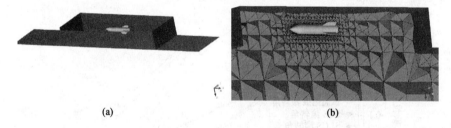

(a)　　　　　　　　　　　　　　　　(b)

图 4.13　内埋模型和网格

计算得到导弹运动位移、欧拉角时间曲线如图 4.14 所示。

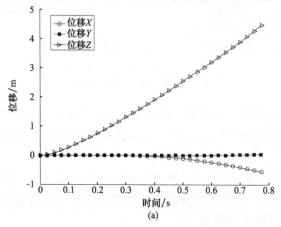

(a)

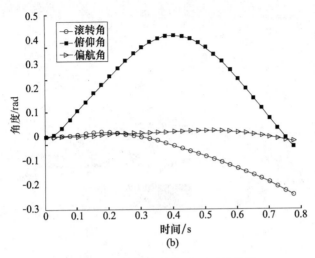

图 4.14　内埋分离位移、角度时间曲线

　　与图 4.10 ~ 4.11 的导弹位移和角度时间曲线对比可知,内埋发射时在位移方面变化不大,但是在导弹角运动方面呈现巨大不同,导弹在 0.4s 时具有最大的"抬头"角度达到 0.414rad,约为 23.7°,对应时间的 Z 轴位移为 1.92m,根据计算模型,此时导弹处于舱口附近,对比可知内埋弹舱对导弹发射影响较大。同时需要指出,由于此模型采用的参数中有前后两个较大作用力给导弹提供加速度,使导弹在短时间线运动受气流影响较小。

　　图 4.15 为导弹在运动 0.29s 时对称面速度等值线图。从图中可知,流场计算器准确捕捉到了弹舱形成的前缘激波、舱口剪切层等流场现象。舱口剪切层把弹舱内外流场分隔开,导弹在穿越剪切层运动过程中上、下表面受到不同区域的流场作用,使得受力不均匀,造成较大的俯仰角变化。这成为内埋弹舱造成导弹发射初始弹道变化的主要原因。

4.5.3　导弹内埋发射初始弹道计算

1. 导弹重力投放初始弹道计算

　　随着对导弹作战使用要求的提高,同时也随着导弹整体技术的进步,现在的导弹特别是空空导弹都朝着质量小、可用过载大、机动性强等方向发展。要实现这些目标,在导弹设计时就要采取相应的方法放松导弹静稳定度,减小导弹的惯性。这就为导弹从内埋弹舱安全发射提出了更高要求,这是机弹相容性研究的一个重要内容,即研究导弹放松静稳定度条件下内埋发射的初始弹道。本书对

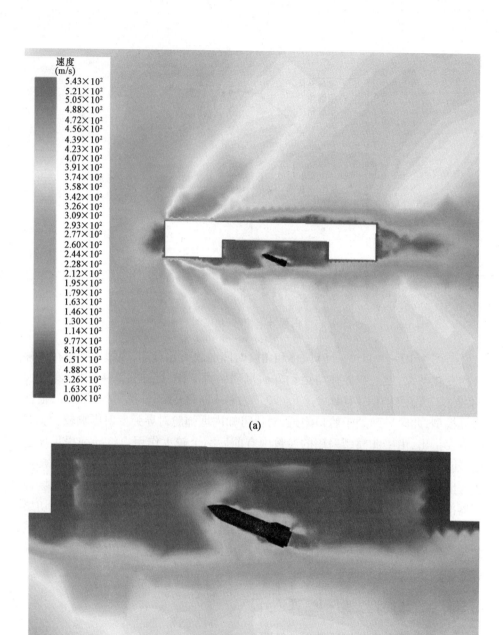

图 4.15　对称面速度等值线图

某型导弹内埋发射的初始弹道进行数值计算,得到导弹运动特性和安全发射条件。其相关参数见表4.2所列。

表4.2　某型导弹参数

参数	数值
质量 M/kg	152
长度 L_d/m	3.60
弹径 D_d/m	0.178
质心位置 x_{CG}/m	1.3(距后缘)
转动惯量 I_{xx}/(kg·m²)	0.676
转动惯量 I_{yy},I_{zz}/(kg·m²)	140
惯性积 I_{xy},I_{xz},I_{yz}/(kg·m²)	0

书中建立了模型导弹挂载于内埋弹舱的计算模型,内埋弹舱长深比等于6,导弹位于弹舱中部,计算模型和网格如图4.16所示。

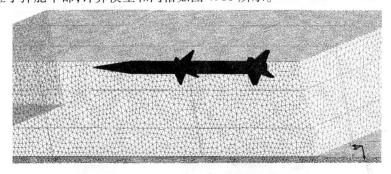

图4.16　计算模型和网格

计算了 $Ma=1.2$ 条件下导弹重力投放的初始弹道,结果表明导弹不能正常分离,0.355s后导弹与弹舱相撞。具体位移、速度、角度和角速度时间曲线如图4.17所示。图中:CGX、CGY和CGZ分别表示重心在 X 轴、Y 轴和 Z 轴的位移;VX、VY和VZ表示对应的速度,Roll Rate、Pitch Rate和Yaw Rate分别表示滚转角速度、俯仰角速度和偏航角速度。

从图中可知,导弹重力投放0.1s后导弹出现横向的剧烈偏转,横向 Y 轴速度突变为2.3m/s,以后经过短时间波动后,保持在2.2m/s的速度,这导致导弹在0.35s时间内侧向运动了0.63m,最终与弹舱侧壁相撞;导弹在0.1s后具有较大的滚转角速率,平均达到7.8rad/s,同时具有负俯仰角速度和偏航角速度,使导弹"低头"运动。导弹各时刻的运动状态如图4.18所示。

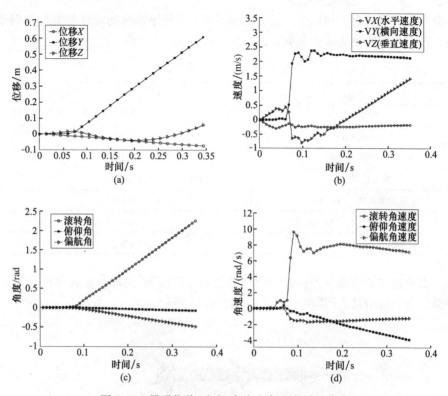

图 4.17　导弹位移、速度、角度和角速度时间曲线

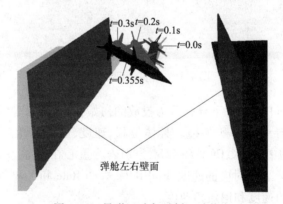

图 4.18　导弹运动各时刻运动状态

　　从以上结果可知,重力投放不能保证导弹从弹舱安全分离,不满足机弹相容性要求,因此,需要采取对导弹的投放进行干预。其中最主要的就是弹射发射方法,弹射发射方法在导弹外挂方式发射中也有采用。弹射发射是由专门的弹射导弹发射架实现的,其主要目的是在导弹发射时赋予导弹作用力和力矩,使导弹

在与导弹发射架脱离时具有初始速度和初始角速度,导弹具有一定的能量从而克服剧烈变化的气流对导弹初始弹道的影响。

2. 导弹弹射发射初始弹道计算

根据相关资料表明,国外某型导弹弹射发射时受到的峰值加速度大于40g,形成大于7.62m/s的初始发射条件。短时间对导弹的大作用力将对导弹的结构和电子器件产生巨大冲击,下面对导弹弹射发射的参数进行研究,以期在保证安全的前提下尽可能减小对导弹的冲击作用。将从导弹具有的初始速度和初始角速度两个方面对导弹弹射问题进行研究。

初始速度对导弹初始弹道的影响:假设导弹在弹射发射条件下具有脱离发射架的初始速度,分别研究在3m/s和5m/s初始速度情况下导弹的位移、速度、角度和角速度时间分布,如图4.19所示。

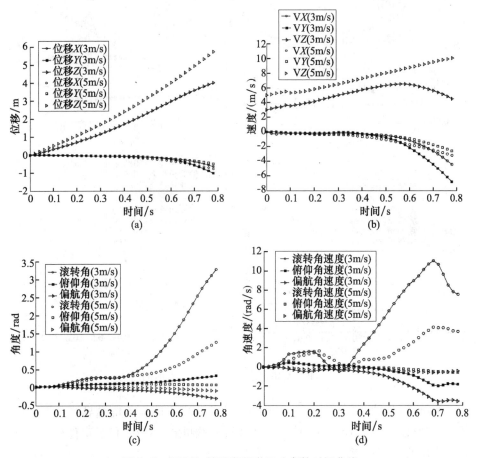

图4.19　不同初始速度导弹运动参数时间曲线

分析可知:给导弹赋予纵向初始速度对导弹安全分离非常有利,可以减小导弹脱离载机干扰流场的时间。从图4.19中速度变化曲线可知,载机干扰流场有减小导弹Z轴向运动速率而增大X和Y轴向运动速率的趋势,初速度大时导弹的Z轴速度则可以保持线性增长,受干扰流场影响较小。从角度和角速度图中可知,初始速度越大,导弹分离过程中的角度变化越小,具有的姿态对安全分离越有利。

初始角速度对导弹初始弹道的影响:采取在俯仰通道上在导弹分离时施加负俯仰角速度,分别为$10°/s(0.174rad/s)$和$30°/s(0.522rad/s)$,计算得到两种情况下导弹的运动初始弹道参数的时间曲线如图4.20所示。

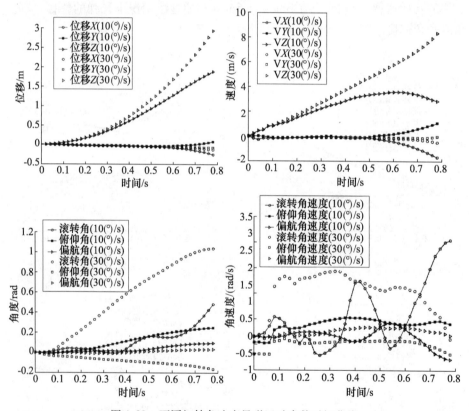

图4.20　不同初始角速度导弹运动参数时间曲线

从位移和速度图中可以看出,增加初始角速度不能显著增大导弹的离机位移,最大位移仅为3.1m,不能使导弹快速离开载机的干扰区,但是可使导弹运动速度持续增大;在$10°/s$的初始角速度时,导弹Z轴向速度在0.6s后逐渐减小,对导弹及早脱离载机干扰流场不利。

角度和角速度图更加明显地表明,增大初始角速度可以使导弹的"抬头"运动趋势转变为"低头"运动趋势,且导弹滚转角速率逐渐减小,这些对导弹分离姿态都是有利的。

综合以上分析可知,对导弹施加初始速度和角速度都能够使导弹安全从弹舱内分离,初始速度可以保证导弹在较短时间内脱离载机的干扰流场区域,初始角速度则可以保证导弹在分离时具有"低头"的分离姿态,保证了到导弹发动机点火后的安全性。将结合两者的优势进行综合仿真,设置数值计算初始条件为5m/s纵向速度和30(°)/s"低头"角速度。计算得到导弹运动的质心位移、速度,以及导弹欧拉角、角速度的时间曲线如图4.21所示,并给出了导弹在运动过程不同时刻的位置姿态如图4.22所示。

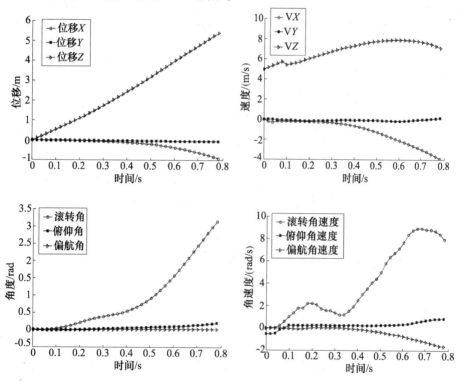

图4.21　导弹运动参数时间曲线

从图4.22中可知,采用初始线速度和初始角速度结合的方式发射导弹,可以保证导弹快速离开弹舱及载机干扰流场区域,在0.2s时已经离开舱口,在0.8s时已经运动了5.5m;并且在运动过程中保持良好的姿态,导弹俯仰角在出舱过程中一直保持0°,俯仰角速度在0.1s后也保持稳定。

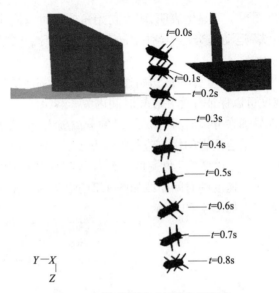

图 4.22 导弹不同时刻的位置姿态

4.6 小 结

本章针对内埋弹舱流场干扰造成气动/运动紧密耦合情况下,导弹内埋发射初始弹道数值计算方法进行研究。主要工作和结论如下:

(1)联合流场计算和弹道计算控制方程建立了初始弹道计算模型。将弹道计算分解为流体和刚体计算子系统,两者之间通过耦合算法传递数据,提出了一种具有二阶时间精度的松耦合算法,并结合 UDF 编程和非结构动网格技术,建立了气动/运动紧密耦合情况下导弹发射初始弹道计算方法。

(2)通过对 AEDC 标准投弹模型的计算验证了计算方法的准确性,并对同一导弹模型内埋投放条件下进行数值计算,得到了内埋弹舱流场增大了导弹初始弹道过程中俯仰角的结论。

(3)运用建立的计算法方法研究了某型导弹内埋发射的初始弹道。导弹在弹射发射条件下以一定初始速度和初始角速度可以安全分离的结论,说明导弹内埋情况下采用弹射发射的必要性。研究了不同初始速度和初始角速度对初始弹道的影响,得到了在仿真所使用的导弹和弹舱条件下,所必需的初始速度和初始角速度的条件,计算结果表明这种条件下可确保导弹发射安全和初始弹道的平稳。

本章建立的计算方法可用于气动/运动紧密耦合的弹道解算问题,所得结论将为导弹内埋发射的安全性设计提供理论依据。

第5章 无人作战飞机内埋式导弹发射时燃气射流冲击分析

本章研究无人作战飞机内埋式导弹采用导轨发射时,导弹发动机燃气射流对内埋弹舱壁面的冲击波效应、热效应和燃气中固体颗粒物的冲蚀效应。基于合理简化导弹发动机燃气射流流场,运用第 2 章建立和验证的数值计算方法,在纯气相条件下数值计算燃气流场并分析燃气冲击波的形成和发展规律,以及对弹舱壁面的影响。以此为基础,运用气 – 固两相流计算理论,对固体颗粒特性、运动控制方程、颗粒相边界条件和两相耦合算法进行分析和推导,数值研究燃气射流中固体颗粒的冲蚀效应。本章研究主要解决导弹内埋发射中燃气射流的流场和冲击问题。

5.1 引 言

导弹发射时发动机内部火药燃烧而产生的高温(2000~3000℃)气体经由拉瓦尔喷管以超声速(马赫数为 2~4)射入静止介质或流动(亚声速流动或超声速流动)介质的空间中,使气流脱离了原来限制它流通的喷管壁面而在大气间中复燃扩散流动,这种燃烧气体的流动称为火箭燃气射流。导弹发动机燃气射流对发射环境带来诸多问题,其中主要问题之一是它对发射环境产生严重的燃气动力冲击效应。动力冲击效应是指发动机点火之初的起始冲击波超压和射流冲击的危害。从导弹发动机点火开始到燃气射流对发射装置的冲击干扰结束的全部过程称为导弹的发射阶段。在这个阶段,火箭燃气自由射流和冲击射流存在着不同的流场。导弹喷入静止空气的射流为燃气自由射流;喷入运动空气的燃气射流为伴随流燃气射流,在空中飞行时导弹后喷的燃气射流即属于这种情形。

机载内埋导弹发射时喷管喷出的高温、高压燃气射流会对载机产生超压和热冲击作用,因此,在机载内埋导弹武器系统设计中一个重要课题是机弹相容问题,即研究导弹与载机之间的干扰与相互协调配合,合理地布置武器系统以及对载机采取有效的防护措施,以使机载导弹得以安全、准确地完成作战任务。对机弹相容非定常燃气射流流场进行细致深入的研究是解决机弹相容问题的前提。

机载导弹发射时燃气射流所形成的压力扰动往往是使载机进气道内增压,它产生的温度与压力畸变都是引起压气机失速或发动机停车的重要因素,而燃气射流的吸入与火药燃烧后产物的再燃烧也对发动机的正常工作有些影响。因此,对燃气射流进行研究是导弹发射技术的基本课题之一[78]。

在火箭燃气射流的初期具有显著的非定常性:初始射流是高温、高压燃气流加速度流出的过程,喷口参数是递增的。这一点不同于火炮和枪的膛口流场,气流自固定容器的流空过程中膛口参数随时间呈指数下降。射流参数的变化不同于定常膨胀不足射流;在冲击波变强度发展方面也不同于定常激波。燃气射流起始冲击波的研究有利于解决火箭、导弹武器的相容性问题和小口径火箭武器的人体工程问题[79]。

从导弹发射发动机喷出的高温、高速的燃气射流会对载机机体产生影响,这种影响是相互的,即射流流场对机体的冲击和机体对射流流场的干扰。大量的试验和计算研究发现:导弹发射发动机的燃气射流流场对其载机的冲击主要集中在发射发动机点火之后的瞬间。这是因为在发射发动机点火之后非常短暂的时间内,发动机燃烧室的压力迅速上升,致使喷管喉部的堵盖打开,高温、高压的燃气迅速膨胀形成爆轰冲击波,冲击波作用到载机机体上形成了对机体的冲击。而当燃气射流流场稳定以后,冲击波已经传播出去且发射筒距机体距离较远,所以燃气射流对载机机体的冲击就变得很小[80]。

导弹的固体火箭发动机的燃气射流流场对载机的有害影响主要集中表现在以下几个方面:

(1)作用在载机机体上的冲击波超压是正、负压交替的,负压的存在使得载机的蒙皮受到一个沿外法线方向的拉力。如果冲击波的负压过大,则蒙皮所受的拉力将有可能大于蒙皮所受的铆接力,导致机体蒙皮的脱落。

(2)如果燃气射流流场作用在载机机体上的冲击波超压值较大,则会引起载机的剧烈震动,有可能损坏机载设备。

(3)有可能使高温的燃气流吹到机体上,造成载机机体烧蚀。

导弹发动机燃气射流的近场区域存在有复杂的波系,膨胀波、压缩波的混合作用是机－弹相容性研究的重要内容,复杂波系压力、温度场的分布是燃气射流动力冲击和热冲击作用的直接因素。因为这一区域流动的复杂性,国内外对这个课题的研究一直在进行,若采用试验方法研究燃气射流的问题有很多局限性:试验需要多种设备、仪器,消耗大量的能源,花费很高;对于需要进行系统研究的对象,往往必须进行成百上千次的试验,工作量大;试验得到的信息量有限。这些都使得试验研究非常困难。在试验发展的同时,计算流体力学在燃气射流的数值模拟中得到了广泛应用。数值计算的结果在较大程度上与试验数据接近,一部分数值计算已经可以满足一般工程实际的需要。为此,应用数值分析方法研究了固体火箭高度欠膨胀燃气射流流场起始冲击波、近场波系的形成及发展,揭示近场区域的一些特性[81]。

射流流动可以是层流也可以是湍流,但大多数实际射流都是湍流流动。临界雷诺数是保持层流或形成湍流的关键,层流射流的流层间通过分子间动量交换、热量交换或质量交换形成一定的层流边界层。湍流射流中充满了旋涡,它们在流动中呈现出不规则的运动,引起射流微团间的横向动量交换、热量交换或质量交换,从而形成湍流射流的边界层。小雷诺数下,射流可能出现层流边界层,但实际讨论的燃气射流是一个强干扰问题,流场中存在许多复杂的结构,即压缩波、马赫盘、反射激波、碰撞激波、射流边界、剪切层等。在某些情况下,流场会出现不稳定现象,而且在三维条件下流场结构将会变得更加复杂,不能从理论上对其内部机理给出圆满的解释。因此,在研究燃气射流时必须考虑射流流动的湍流特性,且要模拟好真实的燃气射流流动,必须对湍流射流进行模拟。

为提高导弹发动机的工作效能,常采用的方法是在推进剂中添加金属粉末,一般含量为 10% ~ 20%,使用最多的为铝粉。采用含铝粉的推进剂,发动机燃气射流中含有大量炽热的 Al_2O_3 颗粒:一方面这些颗粒对燃气射流流场产生较大影响,使燃气射流的流动特性及流场结构发生改变;另一方面高温、高速运动的炽热粒子对火箭导弹的燃气排导、防护装置产生巨大冲刷烧蚀作用,使其发生严重的损坏。所以在导弹内埋滑轨发射方式下,导弹内埋弹舱的导弹发动机燃气流防护结构中,不但需要进行热防护,也需要进行氧化铝粒子的侵蚀防护。这就使得必须充分考虑燃气中颗粒相与气相的耦合作用,进行导弹发射装置中燃气两相冲击流场的数值研究,并计算流场中固体颗粒对内埋弹舱壁面的冲刷程度也成为无人作战飞机导弹内埋发射必须的研究内容。因而,研究含颗粒的燃气射流气固两相流动已成为一个迫切的课题[82]。

5.1.1 两相流体力学的研究现状

两相流是以工程热物理学为基础,为满足能源、动力、化工、石油、航空、电子、医药等工业进步的要求,且与数学、力学、信息、生物、环境、材料、计算机等学科相互融合交叉而逐步形成和发展起来的一门新兴交叉学科。两相流早日形成统一的学术理论和成熟的应用技术,对 21 世纪全球所面临的生态环境和能源资源两个焦点问题的解决将有很大的推动作用,是人类在 21 世纪可持续发展中面临的重大技术问题之一。该工程领域的突破能促进全球能源与环境经济的进步。

1877 年 Bcuesines 系统研究了明渠水流中泥沙的沉降和输运问题。1910 年

Mullock 研究了声波在泡沫液体介质中传播时强度衰减过程。20 世纪 40 年代前,有价值的气 - 液两相流不稳定性研究成果较少;关于锅炉水循环中气 - 液两相流问题的经典论文分散在各工业部门。两相流的术语在 30 年代首先出现于美国的一些研究生论文中;1943 年,苏联首先将这一术语应用于正式出版的学术刊物上;其后 1949 年在 J. AP - pl. Play 杂志上也出现了两相流这一名词。中国对于两相流的研究起步于 60 年代。80 年代以来,除相关论文以外,陆续出版了一些关于两相流的教材和专著。

虽然有如此多的文献和著作,但两相流的研究历史还不是很长。对于两相流的理论研究尚处于发展阶段,大量的问题还是靠试验来解决,严格地从数学角度建立数学模型来解决问题,是两相流成为系统的科学还需要一个过程。

1. 两相流的分类

相是具有相同成分和相同物理、化学性质的均匀物质部分,即相是物质的单一状态,如固态、液态和气态。在两相流动的研究中通常称为固相、液相和气相,一般来说,各相有明显相界面的混合流动。相的概念在不同的学科中界定有所不同。

在物理学中,物质分固、液和气、等离子体四相或四态。单相物质及两相混合均匀的气体或液体的流动都属于单相流,同时存在两种或两种以上相态的物质混合体的流动成为两相或者多相流。

在多相流体力学中,从力学的观点来看,不同速度、不同温度和不同尺度的颗粒、液滴或气泡具有不同的力学特性,因此可以是不同的相。对于颗粒相大小很分离的两相流,可以按颗粒大小相近的原则分组而使其动力学性质相似,不同的组用不同的动力学方程来描述,这样的两相流也称为多相流。从物态的角度来看,不同物态、不同化学组成、不同尺寸和形状的物质也可能属于不同的相。

两相流动中,把物质分为连续介质和离散介质。气体和液体属于连续介质,称为连续相或流体相;固体颗粒、液滴和气泡属于离散介质,称为分散相或颗粒相。流体相和颗粒相组成的流动称为两相流。这里颗粒相可以是不同物质、不同化学组成和不同尺寸的颗粒,从而使复杂的多相流动简化。

两相及多相广泛存在于自然界和工程中,常见的分为气液两相流、气固两相流、液固两相流、液液两相流及多相流。

2. 两相流的研究方法

两相流的研究方法同单相流体力学的研究方法一样,也分为理论研究、试验研究和数值计算三种方法。对于两相流体力学而言,由于许多两相流动现象、机理和过程目前还不清楚,许多工程问题大多依靠大量的观察和测量建立起来的经验关系式,因此试验研究与测量在两相流领域目前仍占有十分重要的位置。

近年来,数值计算方法在两相流领域得到了快速发展,在两相流方面起到了越来越重要的作用。

1）理论分析方法

理论分析方法分为微观和宏观两种观点。微观分析方法是从分子运动论出发,利用玻耳兹曼方程和统计平均概念及其理论,建立两相流中各相的基本守恒方程。利用微观分析法可以作为一项近似玻耳兹曼方程导出宏观描述的基本方程,对连续介质理论的基本方程的有效性取得一些指导性的原则。同时还可以给出关于黏性系数、导热系数等输运系数以及有关颗粒的分压、内能等概念和状态参数的重要知识,这些输运系数在宏观分析中只是作为流体状态变量的已知函数被引用的。应该说,两相流分子运动论在描述流动问题上有许多概念上的优点,可比宏观的连续介质理论给人更多的知识,但由于物理上和数学上的许多困难,目前还不能使用分子运动论来处理任何实际流动问题。对于两相流而言,气体分子运动论发展中的所有限制和困难都依然存在。此外,在粒子－气体系统的分子运动论中还必须做一些附加的近似,还有对于单相液体的分子运动论本身还未发展到成熟阶段。涉及液相的两相流如气液两相流、液固两相流、液液两相流等分子运动论至今还未得到较好的研究和发展。尽管多相流研究玻耳兹曼方法是具有挑战性的问题,关于多相流的玻耳兹曼方法的研究还是吸引了许多学者的兴趣。

2）试验研究方法

由于两相流的理论还不完善,还不能用于实际,所以出现在动力、化工、机械、能源、宇航及水利等工程领域中的两相流课题,试验研究仍然起着主导的作用。在流体力学的研究中,试验研究贯穿着流体力学研究的整个发展过程并涉及流体力学研究的各个方面,起到了推动流体力学发展的关键作用。同流体力学的发展一样,试验研究方法在整个两相流体力学研究中占有首要的地位,通过对两相流的试验研究:一方面可以用精细的观察和测量手段揭示流动过程中在流场各处的流态或流动特征;另一方面通过在试验中对流动参量的直接测量可以提供各种特定流动的物理模型。试验在两相流体力学的发展中具有先导性,在认识某一种流动状态的特征和机制时具有关键性的意义和作用,如在观察气－液、液－固或气－固两相流的三维管道流动时发现随着两种成分的比例改变,出现各种不同的流态。在气－液两相流中出现的不同流态,如气泡流、柱塞流、环状流、分层流等不同流态,均是通过试验观察总结得到。不同流态具有不同的流动特性,要用不同的物理模型来加以分析和解释。

目前,两相流试验中比较先进的测量技术有电导法、热量测速仪、激光多普勒测速仪及粒子成像测速仪。

3）数值计算方法

数值计算是随着计算机的发展而发展起来的一种研究方法,它的优点是能够解决理论研究方法无法解决的复杂流动问题,与试验相比所需的费用和时间都比较少,而且可以有较高的精度,有些在试验室无法进行的试验,通过数值计算方法可以得到很好的研究。数值方法也有局限性,它要求对问题的物理特性有足够的了解,从而能够提炼出较精确的数学方程。数值方法有着理论分析和试验方法不能起到的作用。

描述两相流的主要问题是如何分散相(颗粒、液雾、气泡等)的模型,自20世纪60年代以来,分散相的模型出现了单颗粒动力学模型、小滑移流体模型、无滑移流体模型、颗粒轨道模型和双流体模型等几种。按照系统坐标特性分类,两相流研究方法可以分为 Lagrarigian 方法、Lagrarigian – Eulerian 方法和 Eulerian 方法等几种方法。

用 Lagrarigian 方法描述的典型代表是单颗粒动力学模型,适用于流场中任意颗粒不受相邻颗粒存在的影响及流场扰动影响的情况下,用单颗粒动力学方法确定颗粒运动规律,而忽略颗粒对流场的影响,也不考虑颗粒的扰动影响。用于稀疏两相流场研究中,对单颗粒建立根据单颗粒相的力平衡方程建立颗粒的 Lagrarigian 模型,探讨颗粒的动力学特性和颗粒轨迹等。

Lagrarigian – Eulerian 描述方法是把流体看作连续介质并在 Eulerian 坐标中描述,然后在 Lagrarigian 坐标中追踪颗粒相的运动。颗粒轨道模型使用的是这种描述方法。颗粒轨道模型还根据是否考虑湍流扩散分为确定轨道模型和随机轨道模型两种。颗粒轨道模型在工程中得到了广泛应用。

Eulerian 描述方法是把颗粒群视为与流体类似的连续介质的拟流体,在 Eulerian 坐标下研究两相流场的规律和特性。小滑移模型认为颗粒和流体间的速度滑移是颗粒扩散漂移产生的,滑移是扩散的体现;单流体模型也是在把颗粒当作拟流体,但不考虑两相间速度和温度滑移,设颗粒和流体的速度和温度在空间处处相等,即两相处于动力学平衡和热平衡,同时还假设颗粒的湍流扩散系数和流体的湍流扩散系数相等,即两相处于扩散平衡;双流体模型是把颗粒当作拟流体,但认为滑移和扩散相关,颗粒扩散是颗粒湍流脉动的体现,因而是颗粒的完全拟流体模型。双流体模型的应用在逐渐扩大,小滑移模型和单流体模型因与实际不符,很少采用。

综上所述,两相流学科是很年轻的学科,两相流领域的研究还远没有达到成熟阶段,现有的两相流理论中包含了大量的经验公式和模型假设。

本章研究导弹从无人作战飞机内埋弹舱采用滑轨发射方式下,导弹发动机燃气射流形成的冲击波、燃气热和燃气中高速固体颗粒物对内埋弹舱的影响,并提出相应的防护设计建议。

5.1.2　相关假设

　　真实火箭燃气射流是气-固两相、多组分、含化学反应的复杂流动,要建立一个包罗万象且易于求解的物理数学模型极其困难。实际工程中,常根据所研究问题的侧重点相应地做一些必要的、合理的假设,以得到具有实际工程应用价值的物理数学模型。计算过程中做出如下假设:

　　(1)流体属于牛顿流体。

　　(2)忽略流体重力影响。

　　(3)流体是各向同性的完全气体。

　　(4)燃气射流在喷管入口处各流动参数为常数。

　　(5)垂直平板壁面是绝热的。

5.2　燃气射流冲击波和热效应分析

5.2.1　计算模型和边界条件设置

　　运用第2章所述并验证的数值计算方法,建立导弹发动机喷管计算模型,结合发动机喷管内流动区域和发动机燃气射流在内埋弹舱的整体流动区域为计算区域。计算模型和网格化计算区域如图5.1所示。取发动机喷管喉部中心点为坐标原点,Y轴正方向指向喷管入口。

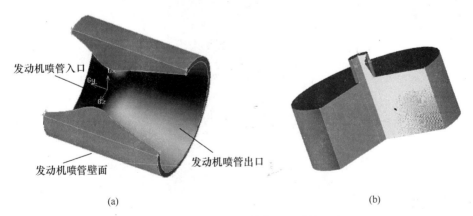

(a)　　　　　　　　　　　　　　　　(b)

图5.1　导弹发动机计算模型和计算区域

喷管的几何尺寸参数和喷管内的燃气参数见表5.1。

表5.1 喷管尺寸和燃气参数

参数	数值	参数	数值
燃烧室内径/mm	56	燃烧室温度/K	3000
喷喉直径/mm	33	环境温度/K	288
喷管扩张半角/(°)	17	伴随流马赫数 Ma	0
发动机工作压力/MPa	12	燃气密度/(kg/m³)	1.27
环境压力/Pa	101325	燃气比热值	1.2

设置计算域在纯气相条件下的边界条件如下:

(1)导弹发动机喷管入口设置为压力入口边界条件,给定入口总压和入口总温,根据导弹发动机喷管出口处的压比,以及喷管的形状计算确定总压和总温的具体值。

(2)导弹发动机喷管壁面和弹舱壁面(被冲击平面),均设置为无滑移固壁边界条件。

(3)导弹发动机内流场以外计算区域,表示流场的自由出口,均设置为压力出口边界条件,压力值为环境大气压力。

具体设置通过计算域对称面表示如图5.2所示。

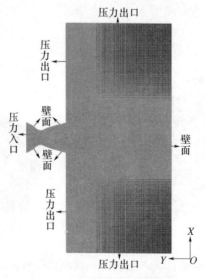

图5.2 计算域边界条件类型

126

5.2.2　燃气射流冲击波分析

根据以上的计算网格和边界条件对燃气射流流场进行非定常计算,时间步长设置为 0.0001s,湍流模型采用标准 $k-\varepsilon$ 模型。计算得到燃气射流冲击波的发展过程如图 5.3 所示(按照图(a)—(b)—(c)—(d)的时间次序),从图中可以明显看出燃气射流的发展过程。由于导弹发动机喷口静压比大于2,燃气射流处于高度欠膨胀燃气射流状态,此时,通过喷管唇部的燃气流将膨胀到环境压力,在喷管的唇口位置燃气射流发散一束扇形的膨胀波族。超声速燃气流所受到的喷管唇口的扰动不会逆流向上传播,即在喷管唇部扇形膨胀波族的内表面上游的气流不受扰动。如果燃气射流没有收到弹舱壁面的阻挡,那么将经历膨胀—压缩—膨胀的反复过程。当受到壁面限制时,壁面则有可能处于燃气射流流场的不同区域,此处的壁面距离喷管出口距离为 3 倍喷口直径。从图 5.3(a)中可知,对于高度欠膨胀、超声速射流而言,射流出喷口后继续膨胀,压力迅速降低,而速度(或马赫数)增大,根据有关理论分析可知,燃气射流绕喷管口部的膨胀流动,可以认为是普朗特 – 梅耶(Prandtl – Meyer)流动。气流膨胀到大气压以后,实际上是膨胀波与边界相交,反射为压缩波,以满足边界上的等压条件。然而当燃气射流为高度欠膨胀时,如书中计算的情况,单纯考虑普朗特 – 梅耶流动不足以完成这一过程,需要借助于一道激波来完成,跨过激波后压力迅速衰减。但由于沿射流中心线气流的碰撞最强,气流可以在很短的时间里下降到环境压力以下,在轴线附近开始出现斜激波(图 5.3(b)),随着这一过程的进行,这一斜激波逐渐增强,最后发展为轴线附近的正激波,也称马赫盘,如图 5.3(d)所示。

对应于图 5.3 可得燃气射流发展过程中喷管中心线的静压分布如图 5.4 所示。从图中可以看出静压的大小根据燃气射流碰撞到壁面后的波阵面的运动呈现出规律性的推进,且静压值不断增大,最大与最小静压两者之间的差距也逐渐增大,表明壁面对燃气射流也存在较大的干扰作用。

从图 5.5 中可知,随着燃气射流周期的发展,在弹舱壁面中心区域($0.5 < X/D < 1.5$)承受的燃气射流压力逐渐增大,在燃气射流的核心区域($0 < X/D < 0.5$)则呈现出交替变化的分布规律。由此可知,在内埋弹舱壁面承受压力梯度较大的区域为 $X/D = 1$ 附近,在此区域内压力梯度较大,将作用于内埋弹舱壁面结构,因此,要求在内埋弹舱后壁面结构设计时予以关注,加强燃气射流对其冲击的影响。

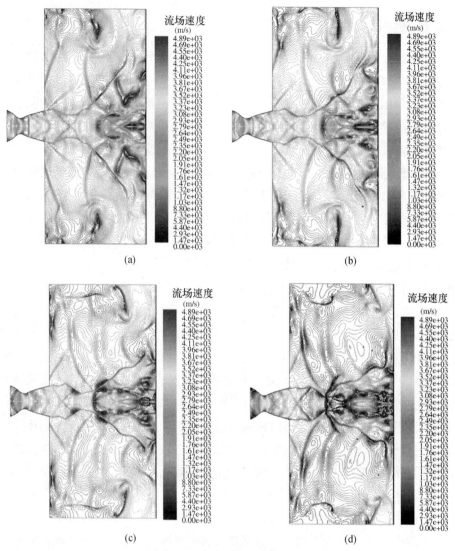

图 5.3 燃气射流速度等值线图

从图 5.5 的温度分布中分析可知,燃气射流温度较高区域集中于 $0 < X/D < 1.0$ 区域,当设置喷管的入口总温为 3000K 时,壁面温度最大可以达到 7000K,这将对内埋弹舱内的结构和附属管线造成较大影响。同时从图 5.5 中可知,随着 X/D 的增大,燃气射流对壁面的热冲击效应衰减很快,在 $X/D > 1.5$ 区域内处于 2000K 以下,在远离燃气中心区域,温度变化呈现先升高后急剧下降的趋势,分析原因是由于燃气射流对壁面的冲击引起的反射流,造成射流脱离壁面一定距离后再附于壁面。

128

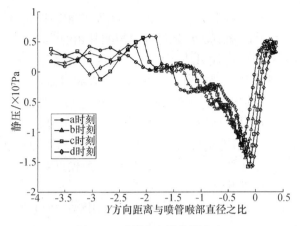

图 5.4 喷管中心线静压分布

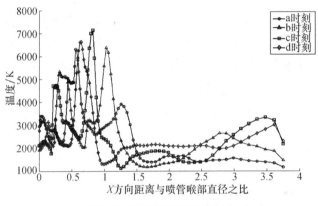

图 5.5 壁面单侧温度分布图

5.3 燃气射流固体颗粒冲击分析

气相流场中加入颗粒相,必然引起气相质量、动量、能量的变化,气固两相流可以分为稠密两相流和稀疏两相流。稠密两相流的特征是颗粒之间有相互作用,其运动主要决定于颗粒之间的相互碰撞(如流化床),稀疏两相流则不计颗粒之间的相互作用,颗粒的运动主要受外界力和颗粒惯性力的作用。

根据以上介绍的两相流计算方法发展历程可知,目前对流体–颗粒两相流的数值模拟不外乎两类方法,即 Eulerian 方法和 Lagrarigian – Eulerian 方法,第一类方法把连续相即气体当作连续介质,把分散相,即颗粒相也当作拟流体或拟连续介质,两相在空间共存和相互渗透,都在欧拉坐标系内加以描述,采用与气相相同的方法建立控制方程,求解颗粒相流场,由于两相的控制方程是相似的,可以在不引进很大计算量的情况下,较好地模拟非气相的湍流扩散,但对单个颗粒运动过程的描述不够准确,而且由于控制方程数量的增加,对计算格式的复杂性、稳定性和对物理模型的要求都更严格,这是造成双流体模型应用的主要困难。第二类方法把连续相当作连续介质在欧拉坐标系下加以描述,认为颗粒相是离散体系,在拉格朗日坐标系下描述。颗粒群按照初始的尺寸分组,每组颗粒从初始位置开始沿着各自的轨道运动,在任何时刻有相同的尺寸、速度和温度、颗粒的速度、温度和质量变化可沿轨道加以追踪,此模型对颗粒的运动细节比较清楚,有助于深刻了解两相流场的本质现象[83-85]。

在研究湍流流动中的稀疏颗粒运动时,多采用颗粒轨道模型,颗粒轨道模型按是否考虑颗粒湍流扩散分为随机轨道模型和确定轨道模型。固体火箭发动机燃烧室和喷管中的流动大多属稀疏两相流。文献[86-89]都采用了Lagrarigian-Eulerian方法研究固体火箭发动机的燃气两相流动,其中有用随机轨道模型的,也有用确定轨道模型的,还有进行二者对比的。本书将采用确定模型对燃气两相冲击射流进行研究,了解此模型下两相冲击流场中颗粒的运动细节,尤其是其对水平挡板的冲蚀细节。

5.3.1 固体颗粒特性分析

1. 固体颗粒特性

研究气流中颗粒的运动很重要的问题是要了解颗粒的特性,包括颗粒的物理特性、形状和尺寸特性以及其他运动特性。

对于不同的两相流动,颗粒相具有不同的性质。在进行两相流计算前,需要清楚了解颗粒相的物理特性,包括熔点、沸点、密度、黏性系数、导热系数,表面张力、熔解热和汽化热等。

在研究固体颗粒在流场中运动过程中,重要的是关注颗粒尺寸特性,包括颗粒的粒经、颗粒的分布和颗粒的平均尺寸。

粒径表示每个固体颗粒大小的程度,是判断颗粒粗细程度的一个指标。如果颗粒是球形或接近于球形,那么可以取其直径作为粒径。在实际的两相流动中,经常遇到颗粒形状是非球形的,为了便于计算,通常用“当量球”尺寸来描述非球体颗粒“当量球”尺寸,对于不同的具体问题有不同的计算方法。有的基于颗粒阻力,当非球体颗粒的阻力与某球体颗粒的阻力相同时,该球体尺寸就是该非球体颗粒的当量尺寸;也有基于表面积和体积的。基于体积的当量半径为

$$r_{PV} = \left(\frac{3V}{4\pi}\right)^{\frac{1}{3}} \tag{5.1}$$

基于表面积的当量半径为

$$r_{PS} = \left(\frac{S}{4\pi}\right)^{\frac{1}{2}}\tag{5.2}$$

式中：V、S 分别为非球体颗粒的体积和表面积。

通常在考虑颗粒阻力时采用基于体积的当量半径，而在考虑颗粒传热时采用基于表面积的当量直径。

颗粒尺寸是两相流计算中最重要的参数之一，在所遇到的两相流动中，颗粒的尺寸都是大小不一的，对于分布尺寸颗粒通常用分布密度来描述颗粒尺寸的分布。分布密度通常有两种表示方法：一种是按粒径的颗粒数分布密度；另一种是按粒径的颗粒质量分布密度。根据不同的情况可以将分布密度分别表示为直方分布、离散分布和连续分布。

为了简化分析，有时需要采用颗粒平均尺寸，把多分散颗粒的两相流动简化为单分散颗粒的两相流动。选取平均尺寸的原则是：按颗粒平均尺寸计算所得结果应该与按颗粒分布计算所得结果相近。对于具体问题所选用得平均尺寸是不同的，如线性平均，在颗粒尺寸以颗粒数的离散分布密度表示时为

$$\bar{r}_{p10} = \frac{\sum_i r_{pi}^2 N_i}{\sum_i N_i}\tag{5.3}$$

在研究颗粒表面传热、传质时，采用表面积平均半径：

$$\bar{r}_{p20} = \left[\frac{\sum_i r_{pi}^2 N_i}{\sum_i N_i}\right]^{\frac{1}{2}}\tag{5.4}$$

当研究容积分数的影响时，采用体积平均半径：

$$\bar{r}_{p30} = \left[\frac{\sum_i r_{pi}^3 N_i}{\sum_i N_i}\right]^{\frac{1}{3}}\tag{5.5}$$

在研究喷管两相流损失时，采用体积表面积平均 $\bar{r}_{p32}$ 或质量平均 $\bar{r}_{p43}$：

$$\bar{r}_{p32} = \frac{\sum_i r_{pi}^3 N_i}{\sum_i r_{pi}^2 N_i}\tag{5.6}$$

$$\bar{r}_{p43} = \frac{\sum_i r_{pi}^4 N_i}{\sum_i r_{pi}^3 N_i}\tag{5.7}$$

固体颗粒物在气相流体中将会产生沉降悬浮和惯性效应,即便颗粒处于静止气体中,由于其受到的重力与浮力不相等,将做上升或下降运动,运动时产生阻力,其大小随颗粒运动速度的增大而增大。当阻力增大到与重力、浮力的合力为零时,颗粒将在静止气体中等速运动。

当两相气流前进时遇到前面的阻碍物而突然改变方向时,颗粒由于惯性力的作用并不能及时跟随气流改变流动方向,脱离了流体的流线。不同尺度颗粒所受离心惯性力是不同的,往往表现为跟随性的好坏。

2. 气固两相流中作用于固体颗粒上的力

（1）流体作用于刚性球形颗粒上的阻力:颗粒在黏性流体中运动,气体与颗粒有相对运动时,由于流体的黏性在颗粒表面有一黏性附面层,把颗粒当作球形颗粒,球面上的压强随 θ（球面上的点同球心连线与来流方向的夹角）的分布是不对称的,颗粒收到与来流方向一致的合力,称压差阻力。另一方面,颗粒表面上的摩擦剪应力,其合力也与来流方向一致,称摩擦阻力。因此,流体作用与颗粒上的阻力由压差阻力和摩擦阻力组成。

（2）视质量力:当颗粒相对于周围气体加速时,由于颗粒的推动作用要引起周围流体做加速运动（这不是由于黏性的作用的带动）,因为流体有惯性,表现为对颗粒有一个反作用力。

（3）巴西特（Basset）加速度力:当颗粒在黏性流体中做直线变速运动时,颗粒附面层的影响带动着一部分流体运动。由于流体有惯性,当颗粒加速时,它不能马上加速。这样,由于颗粒表面的附面层不稳定使颗粒受一个随时间变化的流体作用力,而且与颗粒的加速历程有关。

（4）颗粒的浮力:是指由于气相的压力梯度而作用于颗粒上的力,其方向与压强梯度的方向相反,大小等于颗粒体积与压强梯度的乘积。它与静止的流体中由于重力引起的压力梯度而对物体产生的浮力相类似。

（5）马格努斯（Magnus）力:流体横向速度梯度（与颗粒运动方向垂直）引起颗粒旋转,颗粒在流场中旋转时产生的与流体流动速度方向相垂直的力。

（6）萨夫曼（Saffman）升力:颗粒在有横向速度梯度的流场中,即使颗粒不旋转由于颗粒表面各点的速度各不相同所产生横向升力。

（7）颗粒的热泳力:极小的颗粒（通常为小于 $1\mu m$）在巨大的温度梯度场中会受力而发生迁移,这种现象称为热泳,所受的这种力便称为热泳力。

以上这些力的详细表达式见文献[90],除了这些作用在颗粒上的力外,还有颗粒与颗粒、颗粒与壁面碰撞产生的作用力,这些作用力非常不容易计算。由此可见,作用在颗粒上的力相当复杂,但一般情况下并非所有力都同样重要。如在气固两相流中,由于气体的密度通常远小于颗粒的密度,与颗粒本身的惯性相比,浮力、虚假质量力等均很小,可以忽略不计,根据具体情况还可以忽略其他力。

5.3.2 颗粒轨道模型下颗粒相控制方程

本节所模拟的两相冲击射流中,颗粒相经历了复杂的流动过程。在喷管内经历了亚、跨、超声速的两相流场,经过复杂的射流与水平挡板发生碰撞,反弹后随壁面射流流动直至流出边界。这一复杂的流动过程,计算时需对其进行简化假设,在此根据参考文献做出如下假设[91]:

(1)颗粒为性质均匀的球形颗粒,密度相同,表面光滑。

(2)固体颗粒体积分数和气相相比为小量,忽略颗粒容积分数的影响。

(3)只考虑气体作用在颗粒上的气动阻力,忽略其他作用力的影响。

(4)不考虑颗粒的燃烧、破碎、蒸发及挥发等,即不存在质量损失率。

(5)不考虑颗粒的湍流扩散。

(6)不考虑固体颗粒与固体壁面的传热。

基于以上假设,可以得到颗粒相的控制方程如下:

颗粒相连续性方程为

$$\frac{\partial}{\partial t}(\alpha_q \rho_q) + \nabla \cdot (\alpha_q \rho_q v_q) = \sum_{p=1}^{n} (\dot{m}_{pq} - \dot{m}_{qp}) + S_q \qquad (5.8)$$

式中:v_q 为第 q 相物质的运动速度;$\dot{m}_{pq}$ 为从第 p 相向第 q 相转移的质量流率;$\dot{m}_{qp}$ 从第 q 相向第 p 相转移的质量流率;S_q 为质量源项。

颗粒相动量方程为

$$\frac{\mathrm{d}u_P}{\mathrm{d}t} = F_D(u - u_P) \qquad (5.9)$$

式中:$F_D(u - u_P)$ 为单位质量颗粒所受的阻力,可表示成

$$F_D = \frac{18\mu}{\rho_P d_P^2} \frac{C_D Re}{24} \qquad (5.10)$$

其中:u 为气相速度;u_P 为颗粒相速度;μ 为气相黏性系数;ρ_P 为颗粒相密度;d_P 为颗粒直径;Re 为相对雷诺数,定义成:

$$Re = \frac{\rho d_P |u_P - u|}{\mu} \qquad (5.11)$$

式中:ρ 为气相密度。

颗粒阻力根据相对雷诺数的不同,具有不同的规律:

133

$$C_D \begin{cases} \dfrac{24}{Re} & (Re \leqslant 1) \\[2mm] \dfrac{24}{Re}\Big(1.0 + \dfrac{Re^{2/3}}{6}\Big) & (1 < Re \leqslant 10^4) \\[2mm] 0.44 & (Re > 10^4) \end{cases} \tag{5.12}$$

颗粒相能量方程为

$$m_\mathrm{P} c_\mathrm{P} \frac{\mathrm{d}T_\mathrm{P}}{\mathrm{d}t} = h A_\mathrm{P}(T_\infty - T_\mathrm{P}) + \varepsilon_\mathrm{P} A_\mathrm{P} \sigma(\theta_\mathrm{R}^4 - T_\mathrm{P}^4) \tag{5.13}$$

式中：m_P 为颗粒质量；c_P 为颗粒比热容；A_P 为颗粒表面积；T_∞ 为当地气相温度；h 为对流换热系数；ε_P 为发射率；σ 为玻耳兹曼常数；θ_R 为辐射温度，其值为 $\left(\dfrac{G}{4\sigma}\right)^{1/4}$，$G$ 为入射辐射，表达式为

$$G = \int_{\Omega = 4\pi} I \mathrm{d}\Omega$$

其中：I 为辐射强度；Ω 为立体角。

5.3.3 颗粒相边界条件

通过规定每种尺寸颗粒的质量流率给定入口处颗粒初始尺寸分布，假设在发动机喷管入口处颗粒速度与当地气相速度相等。以面源的形式从喷管入口加入颗粒，即每组颗粒都平均地从入口每个单元面上进入流场。在壁面以及对称轴线边界条件处，设置为反射边界条件，并给定恢复系数，恢复系数定义为经过壁面反射后与反射前颗粒速度在壁面垂直方向的分量的比值，如图 5.6 所示。

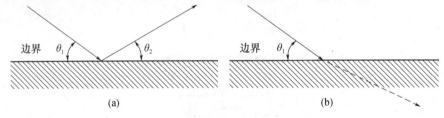

图 5.6　颗粒相两种边界条件示意图
(a) 反射边界条件；(b) 逃逸边界条件。

在计算中默认值设置为 1。恢复系数为 1 时，即完全弹性碰撞，不存在能量的损失；当恢复系数不为 1 时，固体颗粒能量损失，恢复系数可以设定为冲击角 θ_1 的函数。在轴线处，可以认为是对称的两颗粒在轴线上的相交处发生了弹性碰撞，也可以认为颗粒是穿过了对称边界，而在某时刻与其对称的颗粒将沿对称

的轨道运动。

同时在气相边界为压力出口处,设定为固体颗粒的逃逸边界条件,颗粒溢出了计算区域,颗粒轨道计算在此终止。

采用有限体积法在空间上对控制方程进行空间离散,得到离散的控制方程,因为变量的积分守恒对任意一组控制体积都得到满足,对整个计算区域,自然也得到满足。

稳态问题的控制方程通用形式为

$$\mathrm{div}(\rho u \phi) = \mathrm{div}(\Gamma \mathrm{grad}\phi) + S \tag{5.14}$$

式中:等号左端为对流项;等号右端第一项为扩散项;ϕ 是广义变量;S 是与 ϕ 对应的广义源项;Γ 是对应于 ϕ 的广义扩散系数。

对流项和源项都采用二阶迎风格式,其特点是单个方程不仅包含有相邻节点的未知量,还包含相邻节点旁边其他节点的物理量,使得离散方程具有二阶精度的截差。扩散项按中心差分格式计算,即物理量采用线性插值方法。得到二阶迎风格式的对流 – 扩散方程的离散方程。以二维情况为例表示为

$$a_P \phi_P = a_W \phi_W + a_E \phi_E + a_S \phi_S + a_N \phi_N + b \tag{5.15}$$

在拉格朗日模型下,对颗粒相求解就意味着积分颗粒相动量方程(5.9)以得到颗粒轨迹,然后沿着颗粒轨迹按照热量交换定律计算两相间的热量交换。描述颗粒轨迹的方程,以及其他描述颗粒能量传递的方程,是通过对其在离散时间步上逐步积分进行求解的。颗粒相求解的精确性依赖于积分的时间精度以及恰当的两相耦合方式。

将动量方程(5.9)对时间积分得到颗粒轨迹上每一点处的颗粒速度。于是颗粒轨迹由下式描述:

$$\frac{\mathrm{d}x}{\mathrm{d}t} = u_P \tag{5.16}$$

式(5.9)和式(5.16)是一组相关联的常微分方程组。式(5.9)可以变换为如下通用形式:

$$\frac{\mathrm{d}u_P}{\mathrm{d}t} = \frac{1}{\tau_P}(u - u_P) \tag{5.17}$$

式中:τ_P 为颗粒弛豫时间。

由于 u、τ_P 为常数,所以式(5.9)、式(5.16)组成的方程组封闭,可以用包括数值离散的方法进行求解。应用梯形差分格式对式(5.9)进行离散,式(5.17)右边的 u 和 u_P 用平均值 u^* 和 u_P^* 代替,得

$$\frac{u_P^{n+1} - u_P^n}{\Delta t} = \frac{1}{\tau_P}(u^* - u_P^*) \tag{5.18}$$

平均值 u^* 和 u_P^* 分别由下两式计算:

$$\begin{cases} u^* = \dfrac{1}{2}(u^n + u^{n+1}) \\ u_P^* = \dfrac{1}{2}(u_P^n + u_P^{n+1}) \end{cases} \tag{5.19}$$

式中: $u^{n+1} = u^n + \Delta t u_P^n \cdot \nabla u^n$。

于是,得到颗粒在新位置第 $n+1$ 节点处的速度为

$$u_P^{n+1} = \frac{u_P^n(1 - \dfrac{1}{2}\dfrac{\Delta t}{\tau_P}) + \dfrac{\Delta t}{\tau_P}(u^n + \dfrac{1}{2}\Delta t u_P^n \cdot \nabla u^n)}{1 + \dfrac{1}{2}\dfrac{\Delta t}{\tau_P}} \tag{5.20}$$

颗粒所处的新位置也通常用梯形差分格式进行处理,得

$$x_P^{n+1} = x_P^n + \frac{1}{2}\Delta t(u_P^n + u_P^{n+1}) \tag{5.21}$$

用特征长度 L 或步长因子 λ 以及最大时间步数来控制颗粒轨迹方程对时间的积分。特征长度 L 或步长因子 λ 控制时间步长 Δt,当用特征长度进行控制时, Δt 的计算公式为

$$\Delta t = \frac{L}{u_P + u_c} \tag{5.22}$$

式中: u_P、u_c 分别为颗粒相及气相的速度。

当用步长因子 λ 进行控制时, Δt 的计算公式为

$$\Delta t = \frac{\Delta t^*}{\lambda} \tag{5.23}$$

式中: Δt^* 为颗粒穿过当前控制体的估计时间; λ 大致等于颗粒穿过该控制体所需的步数。

最大时间步数用于控制对颗粒轨迹控制方程进行积分的步数。设置步长因子 λ 的简单经验准则是主流方向网格数 N 与 λ 的乘积应该大致等于最大时间步数。

在求解出当前时间步的颗粒轨迹后,根据颗粒相能量方程,可以积分得到下一时间步的温度值为

$$T_P(t + \Delta t) = \alpha_P + [T_P(t) - \alpha_P] e^{-\beta_P \Delta t} \tag{5.24}$$

式中:Δt 为上面所求的积分步长;α_P 和 β_P 分别为

$$\alpha_P = \frac{hT_\infty + \varepsilon_P\sigma\theta_R^4}{h + \varepsilon_P\sigma T_P^3(t)}$$

$$\beta_P = \frac{A_P(h + \varepsilon_P\sigma T_P^3(t))}{m_P c_P}$$

5.3.4 两相耦合算法

对固体颗粒相采用轨道模型,即对气体和颗粒两相流采用欧拉 – 拉格朗日模型,相应地采用网格单元内粒子源(Particle Source In Cell,PSIC)算法进行两相间的耦合计算。运用 PSIC 算法时,首先通过 SIMPLE(Semi – Implicit Method for Pressure Linked Equations)算法求解计算域在纯气相无颗粒条件下的流场,得到流场收敛条件下的气相场的速度、温度、压强等。SIMPLE 算法是一种基于交错网格的压力修正算法,其主要计算过程如图 5.7 所示。

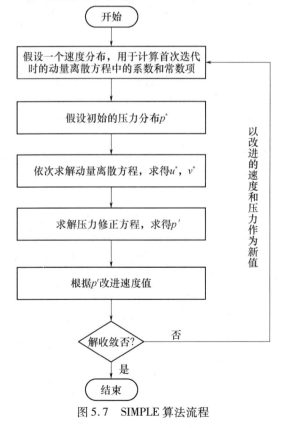

图 5.7　SIMPLE 算法流程

在这个所求得的气相流场中计算颗粒轨道以及沿轨道的颗粒速度、温度和质量等参数的变化,然后计算气相方程中的颗粒作用源项,并将颗粒源项加入气相各方程中(图5.8),再次求解气相流场,重复该过程进行循环迭代,直至收敛。

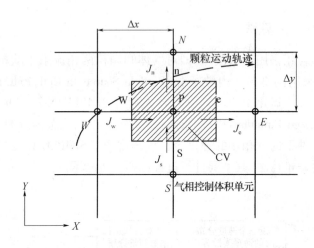

图5.8　气固两相计算格式示意图

书中所进行的计算不涉及质量交换,因此,气相单元内差分方程的动量及能量源项可写为

$$\Delta V \cdot S_{PVi} = \sum_{k,e} \sum_{j,e} N_{k,j}(m_{k,e}v_{ik,e} - m_{k,i}v_{ik,i}) \qquad (5.25)$$

$$\Delta V \cdot S_{Ph} = \sum_{k,e} \sum_{j,e} N_{k,j}[c_P T(m_{k,e} - m_{k,j}) - Q_k] \qquad (5.26)$$

公式第一个求和符号表示对颗粒运动轨道穿过该单元的全部尺寸组的颗粒求和,第二个求和符号表示对同一尺寸组的不同初始位置或不同初始方向的颗粒求和。$N_{k,j}$是沿第j条轨道k组颗粒的总数通量,$N_{k,j}$沿轨道保持常数。下标i和e表示气相单元内轨道入口和出口处的相应值,Q_k为气相单元内颗粒和气体间的对流传热。为了计算气固两相流中颗粒轨道及颗粒沿轨道变化的经历,必须选择合适的积分方法,并处理如何确定轨道与气体单元壁面相交位置的问题。必须确定颗粒离开某一单元时与哪一壁面相交,以便及时停止单元内的轨道计算。PSIC算法的计算流程如图5.9所示。

138

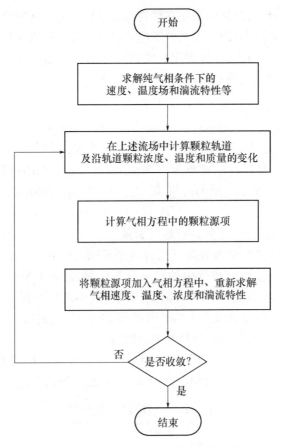

图 5.9　颗粒轨道模型的 PSIC 算法流程

5.4　导弹发动机燃气射流数值模拟

5.4.1　固体火箭发动机燃气中颗粒相特性

针对固体火箭发动机的燃烧物中的固体颗粒的形态,经过大量的分析,结果表明,大部分的固体颗粒是 Al_2O_3,存在的形态部分是球形。大部分研究表明,在发动机喷管喉部的上游区域,固体微粒处于高温状态,以液态相存在,在凝聚力作用下使之呈球形,在喷管下游区域则随着燃气速度增大而使温度降低,逐渐形成固体相球形。

Al_2O_3 物理特性参数分析:书中计算气固两相流的主要目的是为了获得燃气射流对内埋弹舱的冲蚀作用效果,因此,更加关注燃气射流从喷管喷出后在射流中的流动特性分析,计算中采用在喷管出口条件下的物理特性参数更加合理。所以在给定颗粒入口条件时,按其处于喷管出口温度时的物理特性给定。

根据5.2节纯气相时计算得出的喷管出口的平均温度达到1710K,假设密度随温度呈线性变化关系,则有

$$\rho_{mp} = \rho_{mpr}[1 - a_\rho(T_P - T_r)] \tag{5.27}$$

式中:T_r为参考温度,当Al_2O_3处于固体相时,$T_r = 294.4K$;ρ_{mpr}为参考温度下的颗粒物密度,当温度为294.4K时,Al_2O_3的密度为$\rho_{mpr} = 3964.5kg/m^3$。

Al_2O_3的熔点为2318K,沸点为3250K。根据计算得到的喷管出口的温度为1710K,则可知,此时Al_2O_3呈固态,密度为3800kg/m³,比热比为1254kJ/(kg·K)。

Al_2O_3的固体颗粒尺寸分布对燃气射流两相流场有显著影响,文献[92]研究表明对颗粒尺寸进行分级处理可以有效地反映出两相燃气射流的真实情况。针对真实的固体火箭喷管排气中的粒子分布情况,已有大量的研究,文献[93,94]通过不同的方法测量了固体火箭发动机排气中的颗粒尺寸分布,并分析了影响Al_2O_3从液态相凝结成固态相的因素和影响固态相的尺寸分布因素。为了便于计算条件的添加,可根据统计结果,取颗粒的平均粒径的每一段和对应的颗粒数分布密度进行计算,得到6种不同半径的颗粒及其对应的颗粒数分布百分比,见表5.2所列,表中D_P为颗粒直径,ε_N为颗粒数所占分数。

表5.2 Al_2O_3颗粒数分数

$D_P/\mu m$	2.25	2.75	3.5	5	7	10
$\varepsilon_N/\%$	2	12	52	27	5	2

在计算条件加入时,需要给定每组粒子的质量流率,因此,根据下式将颗粒数分数转换为质量分数:

$$\varepsilon_{mi} = \frac{r_{pi}^3 \varepsilon_{Ni}}{\sum_i r_{pi}^3 \varepsilon_{Ni}} \tag{5.28}$$

通过计算可以得到与表5.2对应的Al_2O_3颗粒质量分数见表5.3所列,其中粒径为2.25μm的粒子质量分数很小,忽略不计。

表5.3 Al_2O_3颗粒质量分数

$D_P/\mu m$	2.75	3.5	5	7	10
$\varepsilon_m/\%$	2.6	23.2	35.2	18.0	21.0

在计算两相冲击射流时,需要给定颗粒的质量流率边界条件。在确定此边界条件时,按照纯气相时喷管气体质量流率的 20% 加入,其中流过喷管的气体质量流率按照下式计算:

$$\dot{m} = K \frac{p_0}{\sqrt{T_0}} q(Ma) \sigma \tag{5.29}$$

式中:p_0、T_0 分别为喷管入口的总压和总温;σ 为喷管喉部面积;K 和 $q(Ma)$ 分别为

$$K = \left(\frac{\gamma}{R} \right)^{\frac{1}{2}} \left(\frac{2}{\gamma + 1} \right)^{\frac{\gamma+1}{2(\gamma-1)}} \tag{5.30}$$

$$q(Ma) = Ma \left[\frac{2}{\gamma + 1} \left(1 + \frac{\gamma - 1}{2} Ma^2 \right) \right]^{\frac{\gamma+1}{2(\gamma-1)}} \tag{5.31}$$

对于固体火箭发动机燃气,设定 $\gamma = 1.216$,$R = 270.3\text{J/kg}$,在喷管喉部,$Ma = 1$,$q(Ma) = 1$。通过以上公式可以计算得到质量流率,再乘以每组颗粒的质量百分数,就得到对应的总压下每组颗粒的质量流率 $\dot{m}_i$。

5.4.2 Al$_2$O$_3$ 颗粒对内埋弹舱壁面的冲蚀

在无人作战飞机内埋式导弹发射时,特别是在滑轨式导弹发射方式下,高温、高速运动的炽热粒子将对内埋弹舱壁面和燃气排导系统的底板产生巨大的冲刷烧蚀作用,其中由于导弹固体发动机燃气中的 Al$_2$O$_3$ 所具有的高动量引起的机械冲蚀是一个主要因素。接下来将计算两相燃气射流中颗粒相对弹舱壁面的冲蚀情况,并分析总结出固体颗粒对弹舱壁面机械冲蚀的规律。

具体分析固体颗粒对壁面的机械冲蚀的影响因素包括颗粒的特性参数、颗粒对壁面的冲击角度和壁面本身的特性参数等。在研究中全面的考虑这些因素的影响将是极其困难的,因此,在计算 Al$_2$O$_3$ 颗粒对内埋弹舱壁面的冲蚀作用时基于如下的假设条件:

(1)固体颗粒对壁面的冲蚀作用与颗粒在固壁位置的动量大小成正比。

(2)不考虑固体颗粒温度对冲蚀的影响。

(3)不考虑固体颗粒对壁面的具体冲蚀程度,只考虑不同条件下颗粒对壁面冲蚀位置及相对冲蚀量。

运用 FLUENT 提供的颗粒冲蚀与沉积模块,可以计算壁面上被颗粒相冲蚀的情况,运用冲蚀速度表征这种作用,固体颗粒对壁面的冲蚀速率计算公式如下:

$$R_e = \sum_{p=1}^{N_p} \frac{\dot{m}_p C(d_p) f(\alpha) v^{b(v)}}{A_f} \tag{5.32}$$

式中:$C(d_p)$为颗粒直径的函数;α为颗粒对壁面的冲击入射角;$f(\alpha)$为冲击入射角的函数;v为颗粒相对壁面的速度;$b(v)$为相对速度的函数;A_f为壁面处单元网格的面积。

FLUENT 取默认值时,磨损率是磨蚀掉材质质量/(面积×时间)。由于内埋弹舱壁面定义为壁面处的边界条件,而不是材料属性,针对不同材料,这些值并不能定量计算出该种材料壁面的冲蚀率,在应用时需要根据具体材料规定这些函数方能定量计算壁面冲蚀率。本书并不定量研究冲蚀量,而只是定性研究各个位置冲蚀量的大小对比,所以采用默认值进行计算。

图 5.10 给出了内埋弹舱壁面距离导弹喷管出口 3 倍喷管直径条件下,三个不同入口总压下,气固两相燃气射流中气相马赫数的分布情况,以及对应的壁面上压力分布情况。

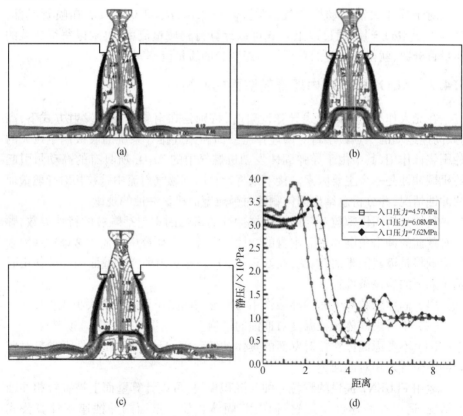

图 5.10　气固两相燃气射流中气相马赫数的分布情况

(a) p_c =4.57MPa 时两相流中气相马赫数;(b) p_c =6.08MPa 时两相流中气相马赫数;

(c) p_c =7.62MPa 时两相流中气相马赫数;(d) 不同入口总压下挡板上压力分布。

将图 5.10 中各气相马赫数等值线图与相同入口总压下纯气相冲击流场马赫数等值线图 5.3 对比可以看出,加入颗粒相后,流场结构发生了明显的改变。

首先,自由射流区马赫数分布不再像纯气相时那么规则,相交激波已不存在,这是由于在燃气射流的两相射流中,由于相间作用,颗粒一方面受燃气作用追随燃气运动,另一方面受惯性作用保持原有运动状态影响气相速度的变化,使得气相在某个位置产生参数突变的可能性降低,从而阻碍了相交激波的形成。

其次,颗粒运动对燃气流动的滞后作用很明显,由于气相在经过喷管喉部后速度快速增加,达到超声速,但由于颗粒相本身特性,只能靠连续相提升其流速,颗粒相因此阻碍连续相的运动,导致在图 5.10 所示的两相冲击流场中,喉部下游和自由射流区,气相马赫数都小于纯气相时对应位置上的马赫数值。由于这种滞后,造成了壁前激波或马赫盘向喷口方向移动,这从图 5.11 中纯气相与两相时轴线上静压分布对比也可以看出这一点。图 5.11 中,L 表示轴线上的点离开喷口的距离,压力在下降过程中发生突然转折正是由于壁前激波或马赫盘的作用引起的。两相时,该位置总比相同入口总压下纯气相时更靠近喷口,说明了激波或马赫盘位置向喷口方向移动。

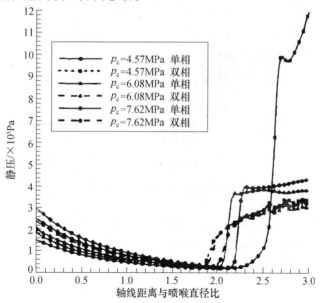

图 5.11　纯气相与两相时轴线上静压分布对比

内埋导弹发射中弹体在离开发射平台时,往往根据尾喷流在发射平台上产生的压力作用规律来确定选择合适的时机打开支持机构,所以有必要分析单相与两相时壁面上压力分布的区别。

从图 5.12 中可以看出,当考虑颗粒相的影响引起了近壁区流场结构改变时,壁面上压力分布规律也将发生较大的改变。比如,图 5.12 中 $p_c = 4.57$MPa 对应的单相与两相时挡板上压力分布:单相时挡板上压力最大值出现在滞止点,达到 12MPa;而两相时,在滞止点附近压力较低,冲击区偏离滞止点一定距离处产生压力峰值为最大值点。从其他几种冲击区未产生马赫盘的情况看,由于壁前激波形状的改变,滞止点附近压力均大幅下降,且滞止点周围压力分布较纯气相时平坦,在纯气相时壁面附近产生了马赫盘的情况,考虑颗粒相的影响后,由于马赫盘结构基本不改变,冲击区挡板上压力也有减小,但减幅较小且分布规律与纯气相时相似。

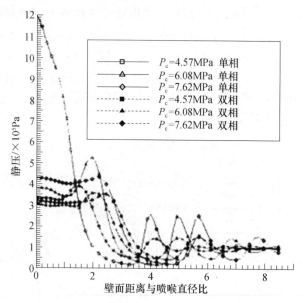

图 5.12 颗粒相与两相时壁面上静压分布对比

从图 5.12 中还可以看出,在壁面射流区,考虑颗粒相的影响后,挡板上由于膨胀波、压缩波交替出现引起的压力波峰波谷变化区间更小,说明壁面射流区膨胀波和压缩波的强度减弱。

5.5 小 结

(1)欠膨胀超声速冲击射流在近壁区形成什么样的流场结构取决于自由射流区波系结构与挡板的相对位置关系,这在喷管出口马赫数一定时由压比和喷口与挡板间距共同决定。

（2）当冲击区出现马赫盘时，壁面上压力最大值不出现在滞止点，而是在冲击区偏离滞止点一定距离处产生压力峰值，在冲击区围绕驻点泡出现回流区；由于马赫盘的形成引起较大的压力损失，壁面中心压力较不出现马赫盘时低，分布平坦。

（3）由于颗粒运动对燃气流动有明显滞后作用，使得两相冲击射流中，壁前激波或马赫盘较纯气相时更远离壁面。在喷管扩张段，离轴线越远，经过的颗粒轨迹线越少，且随着颗粒直径的增大，颗粒轨迹线越靠近轴线集中；在壁面射流区，颗粒直径越小，颗粒越贴近壁面流动。

（4）颗粒对壁面的冲蚀和近壁区的流场结构存在很大的关系，当壁前出现马赫盘。冲击区出现回流现象时，在远离轴线的区域会存在一个强冲蚀区域，这一现象和试验所观察到的相符，但在冲击区未出现回流时并不出现这一现象。计算中还发现，在喷口与挡板间距相同的情况下，随着压比增大，该强冲蚀区域越远离轴线。

本章的研究方法和结论将为内埋导弹发射燃气排导与防护提供参考。

第6章 无人作战飞机内埋
弹舱流场噪声分析

本章运用声学比拟方法对内埋弹舱流场噪声的特性和产生机理进行研究。采用大涡模拟方法(Large Eddy Simulation,LES)求解内埋弹舱计算域的非定常流动,计算得到空气动力声源。在此基础上,采用声波传播方程(FW–H方程)计算远场辐射噪声。对舱内噪声的声压级(SPL)和声压频谱特性进行分析。通过分析内埋弹舱流场内涡的产生、运动和变化规律,得到内埋弹舱流场噪声的特殊产生机理。基于Rossiter空腔频率预测公式建立方法,对内埋弹舱流场噪声频率计算进行分析建模。本章主要解决导弹发射前所处的动态流场环境和流场噪声问题。

6.1 引 言

随着研究者对空腔流动特性和流场结构认识不断深入,空腔噪声特性和噪声产生机理成为研究热点。从已知的研究结果可知,空腔内部存在强烈的压强脉动,开式空腔还会存在声压频率峰值,这些都会对舱内电子设备造成冲击,对结构造成疲劳。因此,研究内埋弹舱流场的噪声特性问题,可以借鉴空腔声学研究的方法,现对空腔声学国内外研究现状进行介绍。

R. R. Dix 等人[95]利用风洞试验和数值模拟方法研究了空腔的声学特性与噪声的产生、抑制技术。结果表明,空腔内存在严重的压力脉动现象,噪声产生的机理为:气流从腔前缘分离,导致剪切层形成,引起脱落涡与后壁碰撞,产生声波向前壁运动,激发剪切层形成新的脱落涡,由此循环形成自激振荡,诱发噪声。L. G. Kaufman 等人[96]得到了超声速空腔内声压级和声压频谱试验结果,指出超声速时空腔流动会诱发强烈噪声,开式空腔内存在声压峰值激振频率,可导致空腔结构振动与疲劳损坏。J. E. Rossiter[97]提出了空腔振荡的自激励反馈模型,并给出了预估空腔振荡频率的半经验公式。后来 H. H. Heller 等人[98]对公式进行了修正,获得了较准确的空气振荡频率预估公式。L. Shaw 等人[99]对导弹与内埋武器舱耦合流场的声学特性进行了风洞试验研究,结果发现:当导弹完全在武器舱内时,噪声等级几乎不受影响;当导弹与剪切层相互作用时,弹体能显著减小流动引起的气动噪声等级,得出导弹使剪切层变得稳定,使噪声强度也减弱的结论。

空气动力研究中心的杨党国等人[100]在 FL – 21 风洞中对空腔噪声产生机理和特性进行了风洞试验(图 6.1),研究了弹舱长深比、来流马赫数、来流边界层厚度对空腔声学特性的影响,并测量分析了风洞中的噪声强度和频率特性,发现空腔噪声无论是开式流动还是闭式流动声压级都很高,最高可达 172dB,而且噪声声压级沿流线方向不断增加。这对于空腔内结构会造成很大的冲击,易于造成结构疲劳。

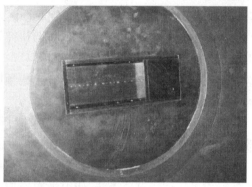

图 6.1　风洞试验环境和空腔结构

张楠等人[101]对流激噪声问题进行了持续的研究,介绍了计算声学的发展历程和常用方法。通过大涡模拟方法和 FW – H 声学类比方法计算研究了孔穴的流激噪声问题,分析了声压级和声压频谱,将噪声的计算结果与试验结果进行了对比,验证了所建立的数值预报方法的可靠性。李晓东等人[102]通过求解二维非定常雷诺平均 N – S 方程,湍流模型选取 $k – \omega$ 模型,对亚声速情况下长深比为 2 的空腔流动进行了气动声学数值模拟研究,分析了振荡发声及声反馈的过程,发现了空腔前缘的二次发声现象。

内埋弹舱的流场复杂性不只是表现在流场的稳态压力特性,因为有空腔的存在,内埋弹舱将会产生强烈的噪声。根据文献[103],对于内埋弹舱对应的空腔结构,高速气流流过空舱结构时会产生强烈的压力脉动,所产生的压力脉动导致在飞行器附近产生一定声压级的宽带噪声,在空舱内强度可高达 170dB,可造成舱体结构疲劳和舱内电子部件失灵等严重后果。但是对于内埋弹舱挂载导弹时的流场噪声研究较少,其中涉及的声压强度、产生机理等都需要系统研究。这种由于压力脉动而产生的噪声在内埋弹舱形成的流场内是否也存在?噪声的宏观方面,即强度和频率分布特性,微观方面,即噪声的产生机理等都是需要深入研究的问题。

国外对空腔流动噪声的研究有:R. R. Dix[95] 和 J. C. Pereira[104] 等人利用风洞试验和数值模拟方法对空腔声学特性及噪声产生、抑制技术进行了研究,结果表明空腔内存在严重的压力脉动,气流从腔体前缘分离,导致剪切层形成、引起涡脱落与后壁碰撞,反馈声波引起腔内流动自激振荡,诱发噪声;L. G. Kaufman 等人[105] 对空腔声学特性进行分析,得到了超声速下腔内声压级和声压频谱试验结果,指出超声速时空腔流动会诱发强烈噪声,长深比较小的空腔内存在声压峰值激振频率,可导致空腔结构振动与疲劳损坏;J. E. Rossiter[106] 提出了空腔流激振荡的共振反馈模型,并给出了空腔振荡频率预估的半经验公式。

国内杨党国等人[103] 通过风洞试验研究了空腔的气动声学特性和噪声抑制方法。主要结果指出,空腔的几何参数对空腔声学特性影响较大:长深比较小的空腔($L/D < 9$)内存在多个声压峰值激振频率,易出现流激振荡;而长深比较大的空腔内几乎未出现流激振荡。

随着计算气动声学的提出,数值模拟开始大量应用于空腔声学特性研究。数值方法包括运用直接数值模拟(DNS)、大涡模拟(LES)、分离涡模拟(DES)等方法求解流场获得压力的瞬时分布,然后用声学控制方程计算由于压力脉动引起的噪声场。运用这些方法,研究者对空腔流动不稳定性和腔内流激振荡形成机理进行了探讨。Zhang Xin 等人[107] 运用 LES 方法和指出空腔上方形成的剪切层不稳定性是诱发空腔流激振荡的直接原因,剪切层与腔内流动相互作用是导致腔内产生强烈噪声的根源。

对内埋弹舱气动噪声的研究可以借鉴空舱噪声的研究思路。因此,本章采用 LES 进行流场计算,并与计算气动声学中的声学比拟法相耦合(求解声波传播 FW – H 方程)计算噪声场,分析内埋弹舱流场内气动噪声的强度和频率特性,研究噪声产生的流动机理,并建立噪声频率预测的集总参数模型。

6.2 气动声学基础理论

6.2.1 气动声学研究现状分析

从 20 世纪 50 年代 Lighthill 在气动声学方面所做的开创性工作到现在,气动声学无论是在理论上或是在实践方面都有了进一步的发展和应用。Lighthill 所使用的方法被称为"声学类比方法",其主要思路是:考虑某一有限区域内受扰动空气所产生的声,如喷气发动机后喷射湍流的发声。在有限区域之外,空气仍然是静止的,声的传播仍满足经典的波动方程。在扰动区域之内,流体的运动

148

就成为辐射声源。如果声源区域既不包括任何质量源(没有可变体积的物体),也不包括任何动量源(没有边界将外力作用在流体上),那么远场噪声就只由四极子(湍流脉动辐射)决定。他从欧拉方程入手,将连续方程对时间求偏导,将动量方程求散度,两式相减再整合,从而推导出了著名的 Lighthill 方程,这个方程被认为是近代声学诞生的标志。

Lighthill 从物理机理上把湍流脉动与波动方程联系起来,从理论上讲,只要知道流体运动的物理特性,无论是运动源还是力源,从 Lighthill 方程出发都能求解其声辐射,流体运动与声辐射看似独立的两个物理现象从此联系起来,流体动力声学作为一门学科从此发展起来,运动体引起的流动噪声问题也逐渐进入学者的视野。1955 年,Curle 采用 Kirchhoff 方法将 Lighthill 理论进行推广,导出了著名的 Curle 方程,该方程可以处理静止固体边界的影响。从 Curle 方程可知,一个四极子源与固体边界的相互作用会产生新的低阶的偶极子源,这正反映了声学的复杂性。随后在 1969 年,Ffowcs Williams 和 Hawkings 应用极为有效的数学工具,即广义函数法将 Curle 方程进行拓展,使之可以处理固体边界在流体中运动的发生问题,得到了经典的 FW - H 方程。1974 年,Goldstein 用格林函数方法推导了广义的 Lighthill 方程。从这个方程可以清晰地知道 Curle 方程、FW - H 方程均是该方程的特定表达。上述基于 Lighthill 思想的各种方法统称为声学类比方法。在近代逻辑学中,类比法是根据两个不同对象的部分属性相似,而推出这两个对象的其他属性也可能相似的一种推理方法。类比法是归纳法和演绎法的中间状态,它径直从一个特殊领域走向另一个特殊领域。可以这样说,类比是通常认识过程的缩合形式,既包括归纳的成分又包括演绎的成分。类比的推理方向是从特殊到特殊,即从一个对象的特殊知识过渡到另一个对象的特殊知识。

流经空腔的非定常流动经常出现在与流体力学相关的众多工业领域中。空腔是一种经典模型,经过几十年的试验研究与力量分析,人们对其流体动力特性和声学特性有了一定程度的认识。在实际应用中,一般都尽量避免出现空腔流动,因为此时常伴随有各类振荡,能够引起结构振动与疲劳,激发很强的噪声,而且由于从空腔中向外抛射较大尺度的涡而造成物体压力脉动和阻力的急剧增加。空腔流动包含了剪切层不稳定性,湍流与结构和流动噪声之间的相互作用等流固耦合、流声耦合复杂现象。由于流动和噪声之间的时空特征尺度相差很大,从而给理论分析、数值模拟和试验测量带来了很大的挑战。

在过去的 50 多年里,这一类型的流动曾被广泛地研究过,最初的工作是 Roshko 在 1955 年所做的试验测量与分析。Rossiter(1964)给出了辨识流动模态振荡频率的公式,从而可以表征跨越空腔开口处的混合层与压力场之间的耦合。

在随后的岁月里,空腔流激噪声的试验测量与数值预报在空气动力学领域逐步得到普遍关注,人们对此进行了大量研究。

近年来,在国际空气动力学领域,数值预报空腔流激噪声并在数值预报的基础上探索控制流激噪声的措施逐渐成为研究的主流,而对于空腔流激噪声机理的研究较少,基本还停留在早期的认识上。

在空腔绕流数值模拟领域,以前的研究者都采用无黏流即求解欧拉方程的方法,后来发展到非定常 RANS 数值模拟,近年来出现 LES 和 DNS。在早期,在低马赫数领域,研究者采用求解不可压缩 RANS 方程的模拟方法,耦合求解声学方程;在亚声速、跨声速和超声速状态下,许多研究者求解的是可压缩的 RANS 方程。随后,特别是进入 21 世纪以来,人们开始采用大涡模拟方法以及直接数值模拟方法来计算空腔流动和远场噪声。

Rossiter(1964)与 Rockwell 和 Naudascher(1978)分析了空腔绕流的流动机理。他们认为,流体流经结构表面开口时,导边脱出自由剪切层撞击腔口随边产生压力反馈,形成剪切层自持振荡现象。空腔自持振荡可以分为三种类型:流体 - 动力振荡、流体 - 共振振荡、流体 - 弹性振荡。自持振荡不但在腔内产生很强的振荡压力,还能发出很强的单频音。某些情况下,流体动力振荡可能与腔体的某阶声驻波共振的固有频率相吻合,导致声驻波的耦合共振,从而引发强烈的声辐射,称为"哨声",研究者也常把这种现象归为"流声耦合"现象中的一种(Knotts、Selamet,2003)。

近年来,随着 LES 方法的逐渐成熟以及计算机的快速发展,使得计算一些试验状态下的流动发声成为可能。动态 Smagorinsky 模型[108,109](Germano,1991;Lilly,1992)对于大涡模拟的可靠性与准确性做出了重大的改善。C. Seror 等人[110,111],G. W. He 等人[112,113]的工作都研究了动态 Smagorinsky 模型在预报流动辐射噪声方面的可靠性。Wang Meng 等人[114]指出对于实际应用的雷诺数范围,在可预见的将来,LES 是一种最有希望取得重大突破的用于流激噪声预报的 CFD 模拟方法。Wang Meng 等人[115]利用 LES 结合 Lighthill 理论模拟了翼型支杆的随边噪声,弦长雷诺数 $Re = 2.1 \times 10^6$,其计算结果与 Blake(1975)的试验结果进行了对比,达到了合理的吻合程度。Wang Meng 等人[116]通过计算弦长雷诺数 $Re = 1.5 \times 10^5$ 的风扇叶片模型非定常压力的时空特性,进一步验证了 LES 方法。这些工作都为预报复杂流动的辐射噪声奠定了基础。

空腔流动从属于与自持振荡密切相关的一类基本流动范畴。空腔流动能够引起结构振动与疲劳,激发很强的噪声,其中包含了剪切层不稳定性,湍流与结构及噪声之间的相互作用等流固耦合、流声耦合复杂现象,给理论分析、数值模拟和试验测量带来了很大的挑战。

Ask 等人[119]采用不可压缩 CFD 代码 CALC – BFC 计算了长深比 $L/D=4$ 的二维长方形空腔的绕流,采用 Curle 方程计算了远场 9 个接收点处的辐射噪声,来流马赫数为 0.15。计算充分说明了壁面脉动压力是重要的偶极子声源。计算得到的声压谱趋势与参考结果完全一致,幅值最大误差为 6dB。

在空气动力学领域,M219 空腔是一种被广泛研究的经典模型。M219 空腔长(L)、宽(W)、深(D)之比为,$L:W:D=5:1:1$,来流马赫数 $Ma=0.85$,是接近于跨声速状态下的一种高雷诺数流动问题。研究者做了大量的脉动压力与噪声试验,并采用这些详细的试验结果来校验各种数值计算方法的可信度。

瑞典国防研究署(SDRA)的 Peng(2005)[121]对于 M 219 空腔的非定常流动进行了数值模拟,计算工作被 SDRA 当作一种基准式的计算,为随后所有该类型的计算提供可资参考的技术细节。研究者首先在跨声速风洞中测量了脉动压力,给出了脉动压力的频谱,试验清晰反映了不同频率下的谐振峰。作者使用结构化的 NS 求解器 EURANUS,采用非定常 RANS 方法结合 SA 模型,数值模拟了二维空腔的脉动压力。计算中采用了 4 套网格,网格数分别为 19884(C)、20930(NM)、33036(M)、51410(F),分别进行了计算。研究表明,只有正确求解了来流边界层和孔口剪切层以及孔中的流谱,才能获得对压力谱和声谐振的准确预报。M 网格和 F 网格计算得到的幅值与试验值接近程度超过前两套网格,特别是对于 F 网格,其预报的第一阶模态的幅值与频率都与试验十分吻合。

L. Larcheveque 等人[122]采用大涡模拟方法,研究了 M219 空腔的流动与声辐射,网格数为 $3.2×10^6$。与试验结果相比,其预报的声谐振峰幅值的误差分别为 –3dB、–14dB、2dB、–4dB,只有第四阶模态频率的计算误差在 5% 之内。数值模拟计算表明最重要的谐振峰为第三阶模态,而试验测量表明第二阶模态是最主要的。

Lai 等人[123]针对 M219 空腔,采用大涡模拟和 FW – H 声类比技术研究了抑制流激噪声的渗流壁面方法。来流马赫数 $Ma=0.85$,雷诺数 $Re=1.36×10^6$。网格数为 441 万。Lai 等人在空腔底部和后壁上采用了渗流介质,流入空腔的流体可以通过渗流墙流入或流出,从而空腔之内高度非定常的流动得到调节,涡强显著减小。壁面渗流减小了流动与壁面的撞击以及波反射,改变了流动振荡的相位,有效降低了近场模态振荡的幅值,因而可以明显降低空腔内的各种脉动,从而使辐射噪声减小。

Chen 等人[124]采用 CFD 数值模拟结合气动声学预报方法研究了三维 M219 空腔流动的近场与远场流/声特性。研究者旨在通过商用代码 SBLI 和 Soton-CAA 来发展一种有效的数值方法,用以完成从近场流动到远场噪声的完整的数值模拟。对于 M219 空腔的流动和噪声进行了大涡模拟(Large Eddy Simulation,

LES)和离散涡模拟(Detached Eddy Simulation,DES)并与试验结果进行了对比。二维 LES 算例的网格数为 7.2×10^4,三维 LES 算例的网格数为 5.74×10^6。二维 DES 算例的网格数为 8.09×10^4 与 8.17×10^4,三维 DES 算例的网格数为 1.05×10^6 与 4.08×10^6。与试验结果相比,可以看出三个特点:①LES 预报精度高于 DES;②三维算例预报精度高于二维算例;③数值计算低估了频率而高估了噪声。

接下来将首先介绍推导和求解这些方程的数学基础——广义格林函数公式,然后给出 Lighthill 方程,讨论固体边界对流体发声的影响及其 FW – H 方程。

6.2.2　运动介质声学的基本方程

设声波在黏性不起主要作用的流体中传播,则描述声波运动的最基本方程是欧拉方程组[125],即

$$\begin{cases} \rho\left(\dfrac{\partial v}{\partial t} + v \cdot \nabla v\right) = - \nabla p + f \\[2mm] \dfrac{\partial \rho}{\partial t} + v \cdot \nabla \rho + \rho \nabla \cdot v = \rho q \\[2mm] \dfrac{\partial s}{\partial t} + v \cdot \nabla s = 0 \end{cases} \tag{6.1}$$

式中:ρ、v、p、s 分别为流体的密度、速度、压力和熵;f、q 分别为外部作用于流体的力和质量源。

设流体满足正压条件,因此状态方程可以表示为 $\rho = \rho(p,s)$,而

$$\mathrm{d}\rho = \frac{1}{c^2}\mathrm{d}p + \left(\frac{\partial \rho}{\partial s}\right)_p \mathrm{d}s \tag{6.2}$$

所以,状态方程的微分形式为

$$\frac{\partial \rho}{\partial t} + v \cdot \nabla \rho = \frac{1}{c^2}\left(\frac{\partial p}{\partial t} + v \cdot \nabla p\right) \tag{6.3}$$

式中:$c^2 = \left(\dfrac{\partial p}{\partial \rho}\right)_s$。

对于定常流动,即无任何形式的非定常扰动情况下,式(6.1)可以简化为

$$\begin{cases} \rho_0 v_0 \cdot \nabla v_0 = - \nabla p_0 \\ \nabla \cdot \rho_0 v_0 = 0 \\ v_0 \cdot \nabla s_0 = 0 \\ v_0 \cdot \nabla p_0 = c_0^2 v_0 \cdot \nabla \rho_0 \end{cases} \tag{6.4}$$

152

式中:ρ_0、v_0、p_0、s_0 分别为定常流场的密度、速度、压力和熵;c_0 为声速。

通常,并不直接应用形如式(6.1)那样的非线性方程来计算声场,实际应用的是方程(6.1)的线化形式。

假定流场的扰动量分别为

$$u = v - v_0, p' = p - p_0, \rho' = \rho - \rho_0, s' = s - s_0, c^{2\prime} = c^2 - c_0^2 \quad (6.5)$$

并且满足

$$|u|/c \ll 1, p'/p_0 \ll 1, \rho'/\rho_0 \ll 1, |s'|/s_0 \ll 1, c^{2\prime}/c_0^2 \ll 1$$

应用以上基本关系,式(6.1)、式(6.3)可化为

$$\begin{cases} \rho_0\left(\dfrac{\partial u}{\partial t} + v_0 \cdot \nabla u + u \cdot \nabla v_0\right) + \rho' v_0 \cdot \nabla v_0 = -\nabla p' + f \\[2mm] \dfrac{\partial \rho'}{\partial t} + \nabla \cdot (\rho_0 u + \rho' v_0) = \rho_0 q \\[2mm] \dfrac{\partial s'}{\partial t} + v_0 \cdot \nabla s' + u \cdot \nabla s_0 = 0 \\[2mm] c_0^2\left(\dfrac{\partial \rho'}{\partial t} + v_0 \cdot \nabla \rho' + u \cdot \nabla \rho_0\right) + c^{2\prime} v_0 \cdot \nabla \rho_0 = \dfrac{\partial p'}{\partial t} + v_0 \cdot \nabla p' + u \cdot \nabla p_0 \end{cases}$$

$$(6.6)$$

这就是运动介质声学的基本方程。这个结果实质上与线化空气动力学的基本方程是完全一致的。该方程在各种进一步的简化条件下,已被应用于研究有流动的管道声波传播问题。

6.2.3 广义格林函数公式

作为预备知识,首先讨论一类具有延迟时间、包含流速影响的波动方程的求解。

考虑方程

$$\frac{1}{c_0^2}\frac{D^2 p}{D\tau^2} - \nabla^2 p = \gamma(y, \tau) \quad (6.7)$$

式中

$$\frac{D_0}{D\tau} = \frac{\partial}{\partial t} + U\frac{\partial}{\partial x}$$

其中:U 为流体介质运流速度。

解这个方程,首先应写出相应的格林函数

$$\nabla^2 G - \frac{1}{c_0^2} \frac{D_0^2}{D\tau^2} G = -\delta(t - \tau)\delta(x, y) \qquad (6.8)$$

引入如下的几个关系式:

(1) 高斯定理

$$\int_{S(\tau)} A \cdot n \mathrm{d}S(y) = \int_{v(\tau)} \nabla \cdot A \mathrm{d}y \qquad (6.9)$$

(2) 体积分的物质导数

$$\frac{\mathrm{d}}{\mathrm{d}\tau} \int_{v(\tau)} \psi \mathrm{d}y = \int_{v(\tau)} \frac{\partial \psi}{\partial \tau} \mathrm{d}y + \int_{S(\tau)} v_S \cdot \boldsymbol{n} \psi \mathrm{d}S(y) \qquad (6.10)$$

式中: $v_s(y, \tau)$ 为 $S(\tau)$ 的表面的运动速度。

(3) 格林公式

$$\int_{S(\tau)} \left(\varphi \frac{\partial \psi}{\partial n} - \psi \frac{\partial \varphi}{\partial n} \right) \mathrm{d}S(y) = \int_{v(\tau)} (\psi \nabla^2 \varphi - \varphi \nabla^2 \psi) \mathrm{d}y \qquad (6.11)$$

式中: ψ、φ 为定义在 $v(t)$ 上的任意两个函数。

应用以上关系式可得

$$\int_{-T}^{T} \int_{S(\tau)} \left(G \frac{\partial p}{\partial n} - p \frac{\partial G}{\partial n} \right) \mathrm{d}S \mathrm{d}\tau$$

$$= \int_{-T}^{T} \int_{S(\tau)} (G \nabla^2 p - p \nabla^2 G) \mathrm{d}y \mathrm{d}\tau$$

$$= \frac{1}{c_0^2} \int_{-T}^{T} \int_{S(\tau)} \left(G \frac{D_0^2}{D\tau^2} p - p \frac{D_0^2}{D\tau^2} G \right) \mathrm{d}y \mathrm{d}\tau \qquad (6.12)$$

因为

$$\frac{D}{D\tau} \left(G \frac{D_0 p}{\mathrm{d}\tau} \right) = \frac{\partial}{\partial \tau} \left(G \frac{D_0 p}{\mathrm{d}\tau} \right) + \frac{\partial}{\partial y_1} \left(G \frac{D_0 p}{\mathrm{d}\tau} \right) U$$

所以

$$G \frac{D_0^2}{D\tau^2} p - p \frac{D_0^2}{D\tau^2} G = \frac{\partial}{\partial \tau} \left(G \frac{D_0 p}{D\tau} - p \frac{D_0 G}{D\tau} \right) + U \frac{\partial}{\partial y_1} \left(G \frac{D_0 p}{D\tau} - p \frac{D_0 G}{D\tau} \right)$$

进一步,由式(6.9)和式(6.10)可得

$$\int_{v(\tau)} \left(G \frac{D_0^2 p}{D\tau^2} - p \frac{D_0^2 G}{D\tau^2} \right) \mathrm{d}y = \int_{v(\tau)} \left(G \frac{D_0 p}{D\tau} - p \frac{D_0 G}{D\tau} \right) \mathrm{d}y -$$

$$\int_{S(\tau)} \boldsymbol{v}_s \cdot \boldsymbol{n} \left(G \frac{D_0 p}{D\tau} - p \frac{D_0 G}{D\tau} \right) \mathrm{d}S(y) +$$

154

$$\int_{v(\tau)} U \frac{\partial}{\partial y_1}\left(G\frac{D_0 p}{D\tau} - p\frac{D_0 G}{D\tau}\right) dS(y)$$

$$= \int_{v(\tau)}\left(G\frac{D_0 p}{D\tau} - p\frac{D_0 G}{D\tau}\right) dy +$$

$$\int_{S(\tau)} (U\boldsymbol{i} - \boldsymbol{v}_S)\cdot\boldsymbol{n}\left(G\frac{D_0 p}{D\tau} - p\frac{D_0 G}{D\tau}\right) dS(y)$$

$$(6.13)$$

因此

$$\int_{-T}^{T}\int_{v(\tau)}\left(G\frac{D_0^2}{D\tau^2}p - p\frac{D_0^2 G}{D\tau^2}\right) dyd\tau = \int_{v(\tau)}\left(G\frac{D_0}{D\tau}p - p\frac{D_0 G}{D\tau}\right) dy\Big|_{\tau=-T}^{\tau=T} -$$

$$\int_{-T}^{T}\int_{S(\tau)} v'\cdot\left(G\frac{D_0}{D\tau}p - p\frac{D_0 G}{D\tau}\right) dS(y)d\tau \quad (6.14)$$

式中：$v'_n = (\boldsymbol{v}_s - \boldsymbol{i}U)\cdot\boldsymbol{n}$，即相对速度在物体法向方向上的投影。

式(6.14)中的第一项将消失，这是因为对于时间平稳过程，方程的积分下限 $\tau = -T$ 表示遥远过去对现在的影响，可以忽略不计。而上限 $\tau = T$ 由外伸波条件，它也应为零。因此

$$\int_{-T}^{T}\int_{v(\tau)}\left(G\frac{D_0^2 p}{D\tau^2} - p\frac{D_0^2 G}{D\tau^2}\right) dyd\tau = -\int_{-T}^{T}v'_n\left(G\frac{D_0 p}{D\tau} - p\frac{D_0 G}{D\tau}\right) dS(y)d\tau \quad (6.15)$$

将式(6.15)代入式(6.12)，有(图6.2)

$$p(x,t) = \int_{-T}^{T}\int_{v(\tau)} \gamma(y,\tau) G(y,\tau/x,t) dyd\tau +$$

$$\int_{-T}^{T}d\tau\int_{S(\tau)}\left[G\left(\frac{\partial}{\partial n} + \frac{v'_n}{c_0^2}\frac{D_0}{D_\tau}\right)p(y,\tau) - p(y,\tau)\left(\frac{\partial}{\partial n} + \frac{v'_n}{c_0^2}\frac{D_0}{D_\tau}\right)G\right] dS(y)$$

$$(6.16)$$

式(6.16)即为广义格林函数公式，它在气动声学求解问题中扮演着十分重要的角色。

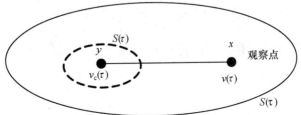

图6.2　气动声学计算思想示意图

155

6.2.4 Lighthill 方程

Lighthill 方程是从流体力学基本方程——Navier - Stokes 方程导出的。基本方程如下[126]：

（1）连续性方程

$$\frac{\partial \rho}{\partial t} + \frac{\partial \rho u_i}{\partial y_i} = 0 \tag{6.17}$$

（2）动量方程

$$\frac{\partial \rho u_i}{\partial t} + \frac{\partial \rho u_i u_j}{\partial y_j} = -\frac{\partial p}{\partial y_i} + \frac{\partial e_{ij}}{\partial y_j} \tag{6.18}$$

将式(6.17)对 t 微分，得

$$\frac{\partial^2 \rho}{\partial t^2} + \frac{\partial^2 (\rho u_i)}{\partial y_i \partial t} = 0 \tag{6.19}$$

对式(6.18)求散度，得

$$\frac{\partial^2 \rho u_i}{\partial y_i \partial t} + \frac{\partial \rho u_i u_j}{\partial y_i \partial y_j} = -\frac{\partial^2 \rho}{\partial y_i^2} + \frac{\partial^2 e_{ij}}{\partial y_i \partial y_j} \tag{6.20}$$

式(6.19)与式(6.20)相减，得

$$\frac{\partial^2 \rho}{\partial t^2} - \frac{\partial^2 p}{\partial y_i^2} = \frac{\partial^2}{\partial y_i y_j}(\rho u_i u_j - e_{ij}) \tag{6.21}$$

上式两边同时减去 $c_0^2 \nabla^2 \rho$，得

$$\frac{\partial^2 \rho}{\partial t^2} - c_0^2 \nabla^2 \rho = \frac{\partial T'_{ij}}{\partial y_i \partial y_j} \tag{6.22}$$

式中

$$T'_{ij} = \rho u_i u_j - e_{ij} + \delta_{ij}(p - c_0^2 \rho)$$

$$\delta_{ij} = \begin{cases} 0 & (i \neq j) \\ 1 & (i = j) \end{cases}$$

$$e_{ij} = \mu \left(\frac{\partial u_i}{\partial y_j} + \frac{\partial u_j}{\partial y_i} - \frac{2}{3} \delta_{ij} \frac{\partial u_k}{\partial y_k} \right)$$

对于在远场未受到任何扰动的流体，显然有 $\frac{\partial \rho_0}{\partial t}$ 和 $\frac{\partial^2 \rho_0}{\partial y_i \partial y_j}$ 均为零，由此自然可以得到密度波动方程

$$\frac{\partial^2 \rho'}{\partial t^2} - c_0^2 \nabla^2 \rho' = \frac{\partial^2 T_{ij}}{\partial y_i \partial y_j} \tag{6.23}$$

156

式中:
$$\rho' = \rho - \rho_0$$

$$T_{ij} = \rho u_i u_j - e_{ij} + \delta_{ij} [(p - p_0) - c_0^2 (\rho - \rho_0)] \tag{6.24}$$

T_{ij} 称为 Lighthill 应力张量。

方程(6.23)便是所要给出的 Lighthill 基本方程,仔细观察可以发现,方程两边的变量是互相包含的。原则上可以从这一方程出发由解析或数值办法获得其解。然而,实践证明这条路在绝大多数情况下均是行不通的,其原因在于($\rho - \rho_0$)是一极小的量,即数值计算要从该方程获得收敛解并保证($\rho - \rho_0$)适当的精度几乎是不可能的。因此,Lighthill 提出,如果将方程右边看做源项,在方程是一个典型的声波动方程,可以用已成熟的古典声学办法来获得其解。而对于右边的应力张量,可以通过试验或其他途径(如从流体力学基本方程直接进行数值计算)来获得。

下面研究固体边界对流体诱发声音的影响。

设在介质中有一运动的固体,其表面积为 $S(\tau)$,且介质是静止的,即 $U = 0$,那么,由广义格林函数公式可得

$$\rho' = \frac{1}{c_0^2} \int_{-T}^{T} \int_{v(\tau)} G \frac{\partial^2 T_{ij}}{\partial y_i \partial y_j} \mathrm{d}y \mathrm{d}\tau +$$

$$\int_{-T}^{T} \int_{S(\tau)} [G(\frac{\partial}{\partial n} + \frac{v_n}{c_0^2} \frac{\partial}{\partial \tau})\rho' - \rho'(\frac{\partial}{\partial n} + \frac{v_n}{c_0^2} \frac{\partial}{\partial \tau}) G] \mathrm{d}S(y) \mathrm{d}\tau \tag{6.25}$$

式中: $\rho' = \rho - \rho_0$; v_n 为物体运动速度 v_s 在物体表面法向方向上的投影。

由于

$$\frac{\partial}{\partial y_i}(G \frac{\partial T_{ij}}{\partial y_j}) - \frac{\partial}{\partial y_j}(T_{ij} \frac{\partial G}{\partial y_i}) = G \frac{\partial^2 T_{ij}}{\partial y_i \partial y_j} - T_{ij} \frac{\partial^2 G}{\partial y_i \partial y_j}$$

因此

$$G \frac{\partial^2 T_{ij}}{\partial y_i \partial y_j} = T_{ij} \frac{\partial^2 G}{\partial y_i \partial y_j} + \frac{\partial}{\partial y_i}(G \frac{\partial T_{ij}}{\partial y_j}) - \frac{\partial}{\partial y_j}(T_{ij} \frac{\partial G}{\partial y_i}) \tag{6.26}$$

又由于

$$\frac{\partial}{\partial n} = n_i \frac{\partial}{\partial y_i} \tag{6.27}$$

因此,将式(6.26)、式(6.27)代入式(6.25)并应用高斯定理,将有

$$\rho' = \frac{1}{c_0^2} \int_{-T}^{T} \int_{v(\tau)} \frac{\partial^2 G}{\partial y_i \partial y_j} T_{ij} \mathrm{d}y \mathrm{d}\tau +$$

$$\frac{1}{c_0^2} \int_{-T}^{T} \int\int_{S(\tau)} G n_i \Big[\frac{\partial}{\partial y_j} (T_{ij} + c_0^2 \delta_{ij} \rho') + v_{si} \frac{\partial \rho'}{\partial \tau} \Big] \mathrm{d}S \mathrm{d}\tau -$$

$$\frac{1}{c_0^2} \int_{-T}^{T} \int\int_{S(\tau)} n_j \Big[(T_{ij} + c_0^2 \delta_{ij} \rho') \frac{\partial G}{\partial y_i} + v_{sj} \rho' \frac{\partial G}{\partial \tau} \Big] \mathrm{d}S \mathrm{d}\tau \qquad (6.28)$$

因为

$$T_{ij} + c_0^2 \delta_{ij} \rho' = \rho u_i u_j + \delta_{ij} (p - p_0) - e_{ij}$$

所以,式(6.28)可进一步变为

$$\rho' = \frac{1}{c_0^2} \int_{-T}^{T} \int\int_{v(\tau)} \frac{\partial^2 G}{\partial y_i \partial y_j} T_{ij} \mathrm{d}y \mathrm{d}\tau + \frac{1}{c_0^2} \int_{-T}^{T} \int\int_{S(\tau)} \frac{\partial G}{\partial y_i} f_i \mathrm{d}S(y) \mathrm{d}\tau - \frac{1}{c_0^2} \int_{-T}^{T} \int\int_{S(\tau)} n_i h_i \mathrm{d}S(y) \mathrm{d}\tau$$

$$(6.29)$$

式中

$$f_i \equiv - n_i (p - p_0) + n_j e_{ij} \qquad (6.30)$$

这正好是固体表面作用在流体单位面积上力的大小。

$$n_i h_i = n_i G \Big\{ - \frac{\partial}{\partial y_j} [\rho u_i u_j + \delta_{ij} (p - p_0) - e_{ij}] - v_{S_i} \frac{\partial \rho'}{\partial \rho} \Big\} + n_j \rho u_i u_j \frac{\partial G}{\partial y_i} + n_j \rho' v_{S_j} \frac{\partial G}{\partial \tau}$$

由动量方程(6.18)可知

$$n_i h_i = n_i G \Big(\frac{\partial \rho u_i}{\partial \tau} - v_{S_i} \frac{\partial \rho'}{\partial \tau} \Big)$$

此外,由于

$$n_j \rho u_i u_j \frac{\partial G}{\partial y_i} = n_i \rho u_i u_j \frac{\partial G}{\partial y_i}, n_j v_{S_j} = n_i v_{S_i}$$

因此

$$n_i h_i = n_i \Big[G \Big(\frac{\partial \rho u_i}{\partial \tau} - v_{S_i} \frac{\partial \rho'}{\partial \tau} \Big) + \rho u_i u_j \frac{\partial G}{\partial y_j} + \rho' v_{S_i} \frac{\partial G}{\partial \tau} \Big]$$

即

$$h_i = G \Big(\frac{\partial \rho u_i}{\partial \tau} - v_{S_i} \frac{\partial \rho'}{\partial \tau} \Big) + \rho u_i u_j \frac{\partial G}{\partial y_j} + \rho' v_{S_i} \frac{\partial G}{\partial \tau}$$

假定物体表面是不可穿透的,显然在物面上应有

$$n_i u_i = n_i v_{S_i}$$

则

$$n_i h_i = n_i \Big(G \frac{\partial \rho u_i}{\partial \tau} + \rho u_i \frac{\partial G}{\partial \tau} + \rho u_i u_j \frac{\partial G}{\partial y_j} - u_i G \frac{\partial \rho}{\partial \tau} \Big) - n_i \rho_0 u_i \frac{\partial G}{\partial \tau}$$

158

$$= n_i \left(\frac{\partial \rho u_i G}{\partial \tau} - u_i G \frac{\partial \rho}{\partial \tau} + \rho u_i u_j \frac{\partial G}{\partial y_j} \right) - n_i \rho_0 u_i \frac{\partial G}{\partial \tau}$$

由连续性方程可得

$$n_i h_i = n_i \left(\frac{\partial \rho u_i G}{\partial \tau} + u_i \frac{\partial}{\partial y_j} \rho u_j G \right) - n_i \rho_0 u_i \frac{\partial G}{\partial \tau} \tag{6.31}$$

由莱布尼兹关系式可知

$$\frac{\mathrm{d}}{\mathrm{d}\tau} \int_{v(\tau)} \frac{\partial \rho u_i G}{\partial y_i} \mathrm{d}y = \int_{v(\tau)} \frac{\partial^2 \rho u_i G}{\partial y_i \partial \tau} \mathrm{d}y + \int_{S(\tau)} n_i v_i \frac{\partial \rho u_i G}{\partial y_j} \mathrm{d}S$$

$$= \int_{S(\tau)} n_i \left(\frac{\partial \rho u_i G}{\partial \tau} + u_i \frac{\partial}{\partial y_j} \rho u_j G \right) \mathrm{d}S \tag{6.32}$$

将式(6.31)、式(6.32)分别代入式(6.27),得

$$\rho' = \frac{1}{c_0^2} \int_{-T}^{T} \int_{v(\tau)} \frac{\partial^2 G}{\partial y_i \partial y_j} T_{ij} \mathrm{d}y \mathrm{d}\tau + \frac{1}{c_0^2} \int_{-T}^{T} \int_{S(\tau)} \frac{\partial G}{\partial y_i} f_i \mathrm{d}S(y) \mathrm{d}\tau$$

$$+ \frac{1}{c_0^2} \int_{-T}^{T} \int_{S(\tau)} \rho_0 v_{\mathrm{n}} \frac{\partial G}{\partial \tau} \mathrm{d}S(y) \mathrm{d}\tau \tag{6.33}$$

式中

$$-\rho_0 v_{\mathrm{n}} \frac{\partial G}{\partial \tau} = -n_i \rho_0 u_i \frac{\partial G}{\partial \tau}$$

方程(6.33)是考虑任意固体边界影响的基本方程。其中:第一项代表由体积源产生的声音;第二项代表物体表面作用在流体上非定常力引起的声音;第三项代表由于物体体积位移引起体积脉动产生的声音。这个方程可以应用到任何具有固体边界影响的气动声学问题。如果知道 T_{ij}、f_i、v_{n},则相应的声场解原则上也可以获得。

6.2.5　FW-H方程

若考虑的是自由空间的运动物体,显然

$$G = \frac{\delta \left(\tau - t + \dfrac{R}{c_0} \right)}{4\pi R}$$

并且有

$$\frac{\partial G}{\partial x_i} = -\frac{\partial G}{\partial y_i}$$

因此,将以上关系式代入式(6.33),得

$$\rho' = \frac{1}{c_0^2}\frac{\partial}{\partial x_i \partial x_j}\int_{v(\tau)}\int_{-\infty}^{+\infty}\frac{1}{4\pi R}\delta\left(\tau - t + \frac{R}{c_0}\right)T_{ij}\mathrm{d}\tau\mathrm{d}y -$$

$$\frac{1}{c_0^2}\frac{\partial}{\partial x_i}\int_{S(\tau)}\int_{-\infty}^{+\infty}\frac{1}{4\pi R}\delta\left(\tau - t + \frac{R}{c_0}\right)f_i\mathrm{d}\tau\mathrm{d}S(y) +$$

$$\frac{1}{c_0^2}\int_{S(\tau)}\int_{-\infty}^{+\infty}\rho_0 v_n\frac{\partial}{\partial \tau}\left[\frac{\delta(\tau - t + R/c_0)}{4\pi R}\right]\mathrm{d}\tau\mathrm{d}S(y) \qquad (6.34)$$

上式第一项、第二项的积分结果可以利用 6.2.4 节的类似方法获得。现在考虑第三项的积分。

令

$$f(\tau,R) = \frac{\delta(\tau - t + R/c_0)}{4\pi R}$$

显然有

$$\frac{\partial f}{\partial x_i} = -\frac{\partial f}{\partial y_i}$$

由式(6.10)可得

$$0 = \int_{-T}^{T}\frac{\mathrm{d}}{\mathrm{d}\tau}\int_{v_c(\tau)}v_i\frac{\partial}{\partial x_i}$$

$$= \int_{-T}^{T}\int_{v_c(\tau)}\frac{\partial}{\partial \tau}v_i\frac{\partial}{\partial x_i}f\mathrm{d}y\mathrm{d}\tau - \int_{-T}^{T}\int_{S(\tau)}v_j n_j v_i\frac{\partial f}{\partial x_i}\mathrm{d}S\mathrm{d}\tau$$

式中第二项取负号是因为 n_j 为 $v(\tau)$ 的外法线矢量,而按式(6.33)的定义,v_n 是与体积 $v(\tau)$ 表面外法线矢量与物体运动速度之点积,即 $v(\tau)$ 的外法线矢量与 $v_c(\tau)$ 的外法线矢量正好方向相反。

所以,由散度定理可知

$$\int_{-T}^{T}\int_{S(\tau)}n_i v_i\frac{\partial f}{\partial \tau}\mathrm{d}S\mathrm{d}\tau = -\int_{-T}^{T}\int_{v_c(\tau)}\left[\frac{\partial}{\partial y_j}v_j\left(\frac{\partial f}{\partial \tau} + v_i\frac{\partial}{\partial x_i}f\right) + \frac{\partial}{\partial \tau}v_i\frac{\partial f}{\partial x_i}\right]\mathrm{d}y\mathrm{d}\tau$$

$$\qquad (6.35)$$

而 $\frac{\partial v_i}{\partial y_i} = 0$,因此

$$\frac{\partial}{\partial y_j}v_j\left(\frac{\partial f}{\partial \tau} + v_i\frac{\partial}{\partial x_i}f\right) + \frac{\partial}{\partial \tau}v_i\frac{\partial f}{\partial x_i}$$

$$= v_j \frac{\partial^2 f}{\partial y_j \partial \tau} + v_i v_j \frac{\partial^2 f}{\partial x_i \partial y_j} + v_j \frac{\partial v_i}{\partial y_j} \frac{\partial f}{\partial x_i} + \frac{\partial v_i}{\partial \tau} \frac{\partial f}{\partial x_i} + v_i \frac{\partial^2 f}{\partial x_i \partial \tau}$$

$$= \frac{\partial f}{\partial x_i} \left(\frac{\partial v_i}{\partial \tau} + v_j \frac{\partial v_i}{\partial y_j} \right) - v_i v_j \frac{\partial^2 f}{\partial x_i \partial x_j}$$

$$= a_j \frac{\partial f}{\partial x_j} - v_i v_j \frac{\partial^2 f}{\partial x_i \partial x_j}$$

$$= \frac{\partial}{\partial x_j} a_j f(R, \tau) - \frac{\partial}{\partial x_i \partial x_j} v_i v_j f(R, \tau)$$

式中：$a_j = \frac{\partial v_j}{\partial \tau} + v_i \frac{\partial v_j}{\partial x_i}$ 为物体的运动加速度。

最后，式(6.35)可简化为

$$\int_{-T}^{T} \int_{S(\tau)} n_i v_i \frac{\partial f}{\partial \tau} \, \mathrm{d}S \mathrm{d}\tau = -\frac{\partial}{\partial x_j} \int_{-T}^{T} \int_{v_c(\tau)} a_j f(R, \tau) \, \mathrm{d}y \mathrm{d}\tau + \frac{\partial}{\partial x_i \partial x_j} \int_{-T}^{T} \int_{v_c(\tau)} v_i v_j f(R, \tau) \, \mathrm{d}y \mathrm{d}\tau$$

将上式代入式(6.34)并积分，得

$$\rho' = \frac{1}{4\pi c_0^2} \frac{\partial^2}{\partial x_i \partial x_j} \int_{v(\tau)} \Big[\frac{T_{ij}}{R|1 - Ma_r|} \Big]_{\tau = \tau_e} \mathrm{d}\zeta -$$

$$\frac{1}{4\pi c_0^2} \frac{\partial}{\partial x_i} \int_{S(\tau)} \Big[\frac{f_i}{R|1 - Ma_r|} \Big]_{\tau = \tau_e} \mathrm{d}S(\zeta) -$$

$$\frac{1}{4\pi c_0^2} \frac{\partial}{\partial x_j} \int_{v_c(\tau)} \Big[\frac{\rho a_j}{R|1 - Ma_r|} \Big]_{\tau = \tau_e} \mathrm{d}\zeta +$$

$$\frac{1}{4\pi c_0^2} \frac{\partial^2}{\partial x_i \partial x_j} \int_{v_c(\tau)} \Big[\frac{\rho v_i v_j}{R|1 - Ma_r|} \Big]_{\tau = \tau_e} \mathrm{d}\zeta \qquad (6.36)$$

式(6.36)是1969年由 Ffowcs Williams 和 Hawkings 基于统计函数理论提出的一种描述声波方程的通用形式，现在称为 FW－H 方程。式中：$v(t)$ 为除物体之外的空间体积；$v_c(t)$ 为物体体积；a_j 为物体运动的加速度；M_{ar} 是物体运动方向在观察点方向上的投影。此外，还可以看出，第一项是运动引起的四极子声源；第二项是物体表面作用在流体上的力引起的偶极子声源；而第三、四项是由于物体位移引起体积变化所形成的偶极子源和四极子源。可以证明，后两项之后等价于一单极子源，即 FW－H 方程还可以表示为

$$\rho' = \frac{1}{4\pi c_0^2} \frac{\partial^2}{\partial x_i \partial x_j} \int_{v(t)} \Big[\frac{T_{ij}}{R|1 - M_{ar}|} \Big]_{\tau = \tau_e} \mathrm{d}\zeta -$$

$$\frac{1}{4\pi c_0^2} \frac{\partial}{\partial x_i} \int_{s(t)} \Big[\frac{f_i}{R|1 - M_{ar}|} \Big] \mathrm{d}S(\zeta) +$$

$$\frac{\partial}{\partial t} \int \left[\frac{\rho_0 v'_n}{R |1 - M_{ar}|} \right] \mathrm{d}S(\zeta) \tag{6.37}$$

式中:v'_n 为物体 $v_c(\tau)$ 的外法线矢量与它的运动速度的点积,且 $v'_n = -v_n$。

当物体表面静止时,即 $a = Ma = v = 0, \xi = y$,则式(6.37)变成

$$\rho' = \frac{1}{4\pi c_0^2} \frac{\partial^2}{\partial x_i \partial x_j} \int_v \frac{T_{ij}}{R} (y, t - \frac{R}{c_0}) \mathrm{d}y - \frac{1}{4\pi c_0^2} \frac{\partial}{\partial x_i} \int_s \frac{f_i}{R} (y, t - \frac{R}{c_0}) \mathrm{d}S(y)$$

$$\tag{6.38}$$

式(6.38)是 1955 年柯尔给出的,现称为柯尔方程。

对于远场方程,可推导如下:

令 $h = \left| \frac{A(\tau)}{R |c^+|} \right|_{\tau = \tau_e}$,其中 $|c^+| = |1 - M_{ar}|$。可以证明

$$\frac{\partial h}{\partial x_i} = \left[\frac{R_i}{c_0 R^2 c^+} \frac{\partial}{\partial \tau} \frac{A}{|c^+|} \right]_{\tau = \tau_e} + o(R^{-2})$$

$$\frac{\partial^2 h}{\partial x_i \partial x_j} = \left[\frac{R_i R_j}{c_0^2 R^3 c} + \frac{\partial}{\partial \tau} \frac{1}{c^+} \frac{\partial}{\partial \tau} \frac{A}{|c^+|} \right]_{\tau = \tau_e} + o(R^{-2})$$

式中:$R_i = x_i - y_i$。

因此,对于大的 R 值,即在远场近似条件下,相应的 FW - H 方程变为

$$\rho' \approx \frac{1}{4\pi c_0^4} \int_{v(t)} \left[\frac{R_i R_j}{R^3 c^+} \frac{\partial}{\partial \tau} \frac{1}{c^+} \frac{T_{ij}}{|c^+|} \right]_{\tau = \tau_e} \mathrm{d}\zeta +$$

$$\frac{1}{4\pi c_0^3} \int_{s(t)} \left[\frac{R_i}{R^2 c^+} + \frac{\partial}{\partial \tau} \frac{f_i}{|c^+|} \right]_{\tau = \tau_e} \mathrm{d}S(\zeta) +$$

$$\frac{1}{4\pi c_0^3} \int_{v_c(t)} \left[\frac{R_i}{R^2 c^+} + \frac{\partial}{\partial \tau} \frac{\rho_0 a_j}{|c^+|} \right]_{\tau = \tau_e} \mathrm{d}\zeta +$$

$$\frac{1}{4\pi c_0^4} \int_{v_c(t)} \left[\frac{R_i R_j}{R^3 c^+} \frac{\partial}{\partial \tau} \frac{1}{c^+} \frac{\partial}{\partial \tau} \frac{\rho_0 v_i v_j}{|c^+|} \right]_{\tau = \tau_e} \mathrm{d}\zeta \tag{6.39}$$

书中采用声学比拟方法对内埋弹舱流场的噪声进行数值计算。声学比拟法是计算气动声学方法中的一类,它将计算域分为近场和远场两部分,近场流动特性通过求解非定常 Euler 或 N - S 方程获得,远场噪声通过在时域内求解声波传播方程(FW - H 方程)获得。声学比拟法计算量适中、计算效率较高,在气动声学研究和计算中广泛应用。本书运用大涡模拟方法求解三维非定常 N - S 方程,运用 FW - H 方程求解噪声,分别介绍如下。

6.3 计算方法建立及验证

6.3.1 大涡模拟方法

通过将非定常的 N – S 方程进行滤波,可从湍流瞬时运动方程中将尺度比滤波函数尺度小的涡滤掉,从而分解出描写大涡流场的运动方程[127]。被滤掉的小涡对大涡运动的影响,则通过在大涡流场运动方程中引入亚格子尺度应力模型来体现。

对有限体积法离散的计算模型,滤波函数取为

$$G(x,x') = \begin{cases} 1/V & (x' \in V) \\ 0 & (x \notin V) \end{cases} \qquad (6.40)$$

式中:V 为控制体积所占几何空间的大小;x、x' 分别为滤波后和实际流动区域中的空间坐标。

根据式(6.40)可得瞬时变量 $\phi(x)$ 的大尺度平均分量 $\bar{\phi}(x)$ 可写为

$$\bar{\phi}(x) = \int_D \phi(x') G(x,x') \mathrm{d}x' = \frac{1}{V} \int_D \phi(x') \mathrm{d}x' \qquad (6.41)$$

用式(6.41)表示的滤波函数处理瞬时状态下的连续方程及 N – S 方程,有

$$\begin{cases} \dfrac{\partial \rho}{\partial t} + \dfrac{\partial}{\partial x_i}(\rho \bar{u}_i) = 0 \\[3mm] \dfrac{\partial}{\partial t}(\rho \bar{u}_i) + \dfrac{\partial}{\partial x_i}(\rho \bar{u}_i \bar{u}_j) = -\dfrac{\partial \bar{p}}{\partial x_i} + \dfrac{\partial}{\partial x_j}\left(\mu \dfrac{\partial \bar{u}_i}{\partial x_j} \right) - \dfrac{\partial \tau_{ij}}{\partial x_j} \end{cases} \qquad (6.42)$$

式中:带上划线的变量为滤波后的场变量;σ_{ij} 为分子黏性引起的应力张量,$\sigma_{ij} = \left[\mu\left(\dfrac{\partial \bar{u}_i}{\partial x_j} + \dfrac{\partial \bar{u}_j}{\partial x_i} \right) \right] - \dfrac{2}{3}\mu \dfrac{\partial \bar{u}_l}{\partial x_l}\delta_{ij}$;$\tau_{ij}$ 为亚格子尺度应力,$\tau_{ij} = \rho \overline{u_i u_j} - \rho \overline{u_i} \, \overline{u_j}$。

由于滤波后的亚格子尺度应力未知,需要建立模型求解。根据 Boussinesq 假设根据式(6.43)计算亚格子湍流应力:

$$\tau_{ij} - \frac{1}{3}\tau_{kk}\delta_{ij} = -2\mu_t \bar{S}_{ij} \qquad (6.43)$$

式中:μ_t 为亚格子湍流黏度。亚格子应力的各向同性部分 τ_{kk} 不需要建模,而是直接添加到滤波后的静压项中处理。

$\bar{S}_{ij}$ 表示张量应变率,定义为

$$\bar{S}_{ij} = \frac{1}{2}\left(\frac{\partial \bar{u}_i}{\partial x_j} + \frac{\partial \bar{u}_j}{\partial x_i}\right)$$

对于可压缩流动,亚格子应力张量的可压缩形式为

$$T_{ij} = -\overline{\rho u_i u_j} + \bar{\rho}\bar{u}_i\bar{u}_j \tag{6.44}$$

可以分解为各向同性项和各向异性项之和:

$$T_{ij} = \left(T_{ij} - \frac{1}{2}T_{ll}\delta_{ij}\right) + \frac{1}{3}T_{ll}\delta_{ij} \tag{6.45}$$

各向同性项部分使用可压缩形式的 Smogorinsky 模型建模:

$$T_{ij} - \frac{1}{3}T_{ll}\delta_{ij} = 2\mu_t\left(\delta_{ij} - \frac{1}{3}\delta_{ii}\delta_{ij}\right) \tag{6.46}$$

其中的 T_{ll} 可忽略,因为 T_{ll} 可表达为

$$T_{ll} = \gamma Ma_{sgs}^2 \bar{p}$$

其中:亚格子马赫数 Ma_{sgs} 个极小量。

因此,为了使方程(6.42)可解,必须建立亚格子湍流黏度 μ_t 的计算模型。在此采用动态 Smogorinsky - Lilly 模型,湍流黏度表示为

$$\mu_t = \rho L_S^2 |\bar{S}| \tag{6.47}$$

式中:L_S 为亚格子尺度的混合长度,计算公式为

$$L_S = \min(\kappa d, C_S^{1/3})$$

其中:K 为冯·卡门常数;d 为距壁面的最近距离;C_S 为 Smogorinsky 常量;V 为计算单元的体积。

此计算模型中;C_S 是固定不变的常量,对不同模型其值不同,因此 Germano 等发展了 Smogorinsky - Lilly 模型,得到可以根据不同网格尺度信息自动调整 C_S 取值的动态 Smogorinsky - Lilly 模型。

6.3.2　声学特性参数分析

与声学特性相关的量和计算公式如下:

声压级(SPL)反映接收点压力脉动的强弱特性,其计算公式为

$$SPL = 10\lg \frac{(\bar{p}')^2}{p_{ref}^2} \tag{6.48}$$

功率谱密度函数(PSD)描述动态压力能量随频率的分布,通过用快速傅里叶变换对动态压力进行计算得到,即

$$\text{PSD} = P(F) = \lim_{\Delta F \to 0}\left(\frac{1}{\Delta F}\lim_{T\to\infty}\frac{1}{T}\int_0^T p^{\prime 2}(t,F,\Delta F)\,\mathrm{d}t\right) \tag{6.49}$$

声压频谱(SPFS)反映接收点动态压力能量的频域特性,其计算公式为

$$\text{SPFE} = 10\lg\frac{P(F)}{p_{\text{ref}}^2} \tag{6.50}$$

斯特劳哈数(Sr)是描述空腔流激振荡频率特性的一个无量纲参数,其计算公式为

$$St = \frac{FL}{U_\infty} \tag{6.51}$$

式(6.48)~式(6.51)中:$(\overline{p^\prime})^2$为脉动压力的均方根值;F为测量点压力脉动的频率;Δf为用于分析动态压力频域特性的频率区间;T为数据采集时间;$p^\prime$为动态压力的均方根值,通过将功率谱密度函数$P(F)$在接收点压力脉动频率分析范围内积分后开方求得;p_{ref}为基准声压,对于空气其值为$20\mu\text{Pa}$;U_∞为自由来流速度。

6.3.3 数值计算方法验证

选取 Revell 等试验过的二维圆柱模型绕流声学特性作为算例验证上述气动声学计算方法的可行性。计算模型和网格如图6.3所示。

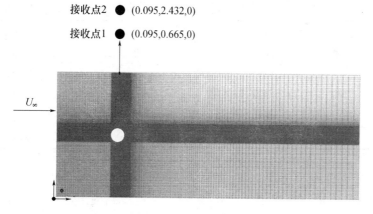

接收点2 ● (0.095,2.432,0)

接收点1 ● (0.095,0.665,0)

U_∞

图6.3 计算区域网格

圆柱直径 $D_c = 0.019\text{m}$,计算域为$(0 < x < 0.475, 0 < y < 0.19)$,计算网格数达到 10 万个,设置的两个噪声接收点坐标为接收点 1(0.095,0.665)、接收点 2(0.095,2.432)。圆柱绕流近场求解用 LES 方法,远场求解用 FW-H 方程,圆柱表面声源为偶极子声源,在计算时取声源相关长度为 5 倍圆柱直径,数值计算

时间步长为 5×10^{-6}s。

表6.1 给出了计算得到的总声压级和峰值频率与文献[128]的对比结果,可知书中的数值计算结果与试验结果很接近,表明了文中声学计算方法的可行性。

表6.1 二维圆柱绕流声学特性对比结果

结果来源	总声压级(OASPL)/dB		声压峰值频率/Hz	
	接收点1	接收点2	接收点1	接收点2
文献[128]结果	115.16	103.89	908.32	905.41
本书计算结果	112.85	101.57	906.37	903.96
试验结果	117	100	910	908

对超声速状态下三维空腔模型的流致噪声进行模拟计算,用于验证 LES 计算方法和 FW−H 方程计算方法对三维流场气动噪声计算的有效性。三维空腔模型几何参数与第 2 章 2.3 节验证模型相似,L/D 修改为5,所采用的来流参数与文献[128]相同,具体见表 6.2。得到三维空腔噪声特性和涡量分布特性并与 Kaufman 等人进行的风洞试验结果和杨党国等人进行的空腔噪声数值模拟结果进行对比。

表6.2 超声速状态下空腔噪声模拟来流参数

参数类型	参数值
来流马赫数 $Ma = U/a$(U、a 分别表示自由来流速度和声速)	1.5
来流边界层厚度与空腔深度比 δ/D	0.213
自由来流静温 T/K	218
自由来流总压 p/Pa	66.4
雷诺数(基于空腔长度)Re	1.09×10^6

试验中在弹舱顶面中心线,按照 X/L 值从 0 ~ 1 等间距 0.05 设置 21 个噪声采集点,采集空腔噪声强度和频率特性,所得到的声压级在大小分布规律与 Kaufaman 风洞试验结果和杨党国二维数值模拟结果进行对比如图 6.4 所示。

从三条声压级曲线可以看出:书中计算结果与两个参考的试验结果变化趋势相同,结果之间量值上存在一定差别,因为流场三维效果的影响,使得三维计算结果大于二维计算结果,与风洞试验结果较接近。表明书中所采用的数值计算方法是可行的。

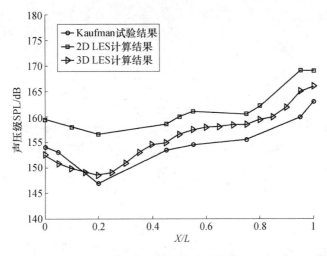

图 6.4　空腔声压级大小曲线

从三维空腔内瞬时涡量等值面的分布(图 6.5)可以看出,由湍流黏性作用产生的涡量在腔内变化非常剧烈,腔内存在大涡和小涡的混合结构,腔口处主要是大涡结构,空腔后部涡量明显大于前部。在空腔结构对称面两侧,涡量分布并不对称,表明涡在轴向和横向上都存在不规则的发展。

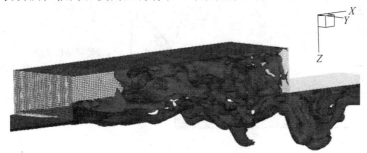

图 6.5　空腔三维涡量等值面

三维空腔对称面的涡量分布和发展如图 6.6 所示,并与文献[128]的计算结果进行对比分析。

图 6.6 中给出了一个周期内三维空腔对称面涡量分布图,其中的周期 T 表示由 Rossiter 频率预估公式计算得到的一阶频率对应的周期。图 6.6(a)～(e)分别表示了一个典型周期内从涡产生、运动到涡与空舱后壁面碰撞、声波产生再到新的涡产生的过程。与文献[128]结果进行对比可得,本试验准确捕捉到气流在空腔前缘分离形成旋涡,沿流动方向逐渐发展($T/5$);向空腔下游运动从前缘脱落,形成脱落涡继续向腔后部运动($2T/5$);脱落涡与空腔后壁接触并碰撞,

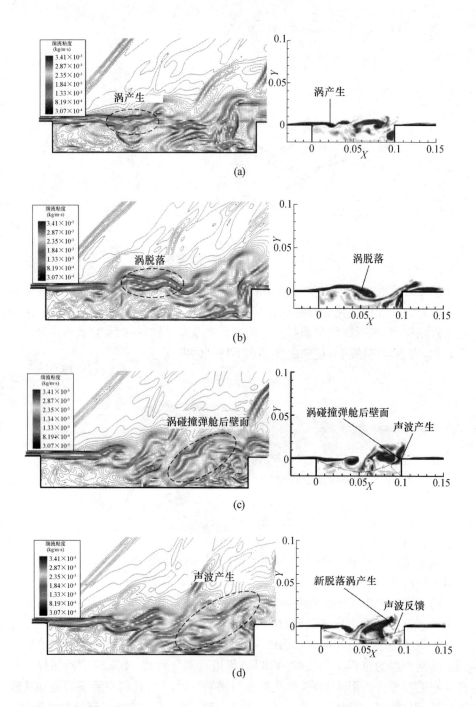

(a)

(b)

(c)

(d)

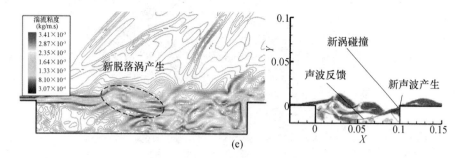

图 6.6　三维空腔对称面涡量对比
(a) $T/5$；(b) $2T/5$；(c) $3T/5$；(d) $4T/5$；(e) $5T/5$。

在空腔后缘产生强烈的噪声($3T/5$、$4T/5$)；在腔后缘产生的噪声在腔内向空腔前缘传播，形成声波反馈回路，在空腔前缘激发新的旋涡($5T/5$)。同时对比分析也可发现，由于三维计算模型与二维计算模型之间的差别，使得涡量值分布在三维空腔对称面前部区域比二维条件下略小。

6.4　内埋弹舱流场噪声特性和产生机理

本节运用已验证的声学计算方法对内埋弹舱模型进行气动声学研究，内埋弹舱模型的几何参数：弹舱长度 $L=0.18\text{m}$，弹舱宽度 $W=0.06\text{m}$，导弹长度 $L_0=0.10\text{m}$，导弹直径 $a=0.01\text{m}$，弹舱的深度按照长深比不同而变化，L/D 为 6、9、13，如图 6.7 所示导弹位于弹舱 X 轴向中心位置。试验流动参数：来流马赫数 Ma 为 0.6、0.8、1.5。为了准确获取导弹壁面附近的流场压力脉动值，计算网格在导弹表面近壁区域稠密，远场逐渐稀疏，总数约为 150 万个。边界条件设置为压力远场边界和壁面边界。在弹舱顶面沿中心线等间距设置了 16 个测点，得到不同试验条件下各点的声压级大小，并选取其中前部(测点 1：$X/L=0.067$)、中部(测点 2：$X/L=0.467$)和后部(测点 3：$X/L=0.867$)各一个测点进行声压频谱分析。对模型 Y 向对称面内涡量随时间的变化规律进行研究，通过捕捉与发声机理密切相关的流动涡从生成到运动变化的整个过程，从而总结出内埋弹舱的特殊噪声发声机理。

以下从宏观的声压级和声压频谱方面特性以及微观的涡量分布变化两个方面分别进行分析。

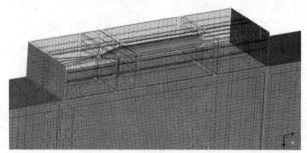

图 6.7　研究模型网格图

6.4.1　内埋弹舱流场噪声特性

图 6.8 为三个不同来流马赫数条件下,弹舱顶面各测点 SPL 大小在内埋弹舱不同 L/D 条件下的变化规律。从图中可知,内埋弹舱流场内噪声声压级都很高,在本书计算模型和计算条件下得到的最大声压级达 168dB。声压级分布的共同特点是从弹舱前部到弹舱后部逐渐增大。

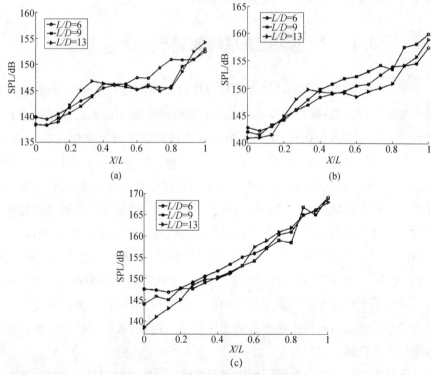

图 6.8　长深比对声压级分布的影响

（a）$Ma=0.6$；（b）$Ma=0.8$；（c）$Ma=1.5$。

L/D 对内埋弹舱内声压级的分布影响十分明显,特别是在来流马赫数小于 1 的条件下,不同 L/D 对应的声压级分布趋势各异,主要改变(0.2 < X/L < 0.9)区域内噪声声压级,在 $Ma=0.6$ 条件下长深比的增加使得内埋弹舱中前部区域(0.2 < X/L < 0.4)声压级明显增大,中后部区域(0.7 < X/L < 0.9)声压级明显减小;在超声速时长深比增大使得前部区域(0 < X/L < 0.2)声压级减小。

从图 6.9 相同长深比不同马赫数条件下内埋弹舱内声压级分布曲线可知,马赫数增大将使得舱内声压级增大。

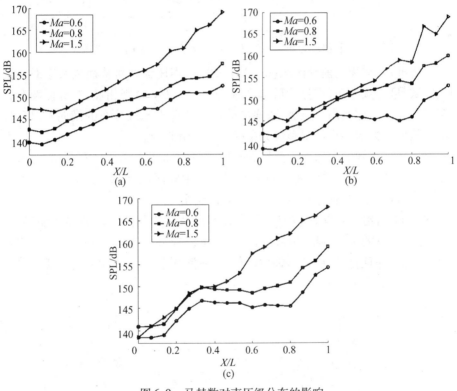

图 6.9　马赫数对声压级分布的影响
(a) $L/D=6$;(b) $L/D=9$;(c) $L/D=13$。

在小长深比($L/D=6$)时,声压级增量在各测点都基本一致,为 3 ~ 4dB,不改变声压级的空间分布规律;在大长深比($L/D=13$)时,声压级的增大主要集中在中后部区域(0.4 < X/L < 1.0),且增大幅度最大可达 10dB。

同时对内埋弹舱流场三维横向声压级分布规律进行研究,通过在 $L/D=6$,$Ma=0.6$ 条件下,在弹舱顶面横向距离比 W_0/W 分别为 0.1、0.3 的位置设置两条测量线,每条测量线上设置 16 个测量点,得到如图 6.10 所示的内埋弹舱内三维声压级分布曲线和转换到二维平面表示的各测量值对比图。

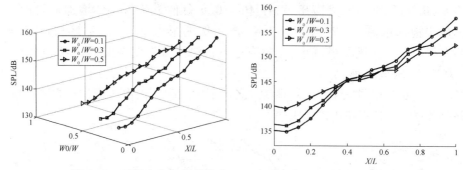

图 6.10 长深比为 6、马赫数为 0.6,宽度方向上三个剖面声压级

分析可知,在弹舱前部区域$(0 < X/L < 0.4)$声压级在对称面内大于对称面两侧区域,呈递减分布,在弹舱后部区域$(0.6 < X/L < 1)$则相反,对称面两侧区域声压级大于对称面内声压级,呈递增分布。这种声压级分布的横向不对称性是由于舱内导弹的存在使得涡量分布的不对称引起的。

对比计算得到的内埋弹舱流场和空腔流场声压级大小及分布可知,两者在声压级大小基本一致,在空间分布上内埋弹舱中间区域$(0.4 < X/L < 0.7)$声压级大小保持稳定,与空腔声压级的空间分布不同。

图 6.11 给出了长深比(L/D)为 6 时不同马赫数条件下内埋弹舱流场前、中、后三个测点的声压频谱特性曲线。从图可以看出,各测点的声压频谱都呈现明显的峰值,并且各测点之间峰值对应的频率值基本一致,与测点位置无关。

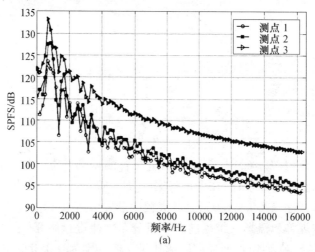

(a)

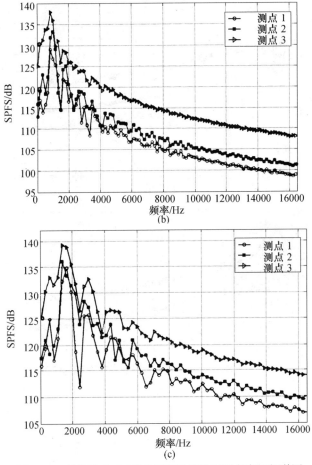

图6.11　长深比为6、不同来流马赫数三测点声压频谱图

(a) $Ma=0.6$；(b) $Ma=0.8$；(c) $Ma=1.5$。

　　$Ma=0.6$时第一个峰值出现在920Hz处,第二个峰值出现在1584Hz处,随着频率值增大,虽然也存在小峰值,但已经很不明显了。从峰值对应的声压级大小看,后部测点在每个马赫数时都大于中部和前部测点,前、中部测点峰值声压级大小基本一致。从图(6.11(a)~(c))中可看出,噪声峰值频率主要集中在4kHz以下的中低频区域内,容易引起导弹和弹舱的结构共振,导致疲劳破坏,及导弹上敏感元器件失灵等后果,危及导弹的携带和安全分离。

　　对比长深比$L/D=13$的内埋弹舱流场三个测点的声压级频率分布可知(图6.12),舱内三个测点在各马赫数条件下都无明显的噪声峰值。虽然噪声的声压级仍然较大,但是无峰值气动声学特性对导弹和弹舱的结构和电子设备脉动作用力平均,对导弹的携带和分离都比较有利。

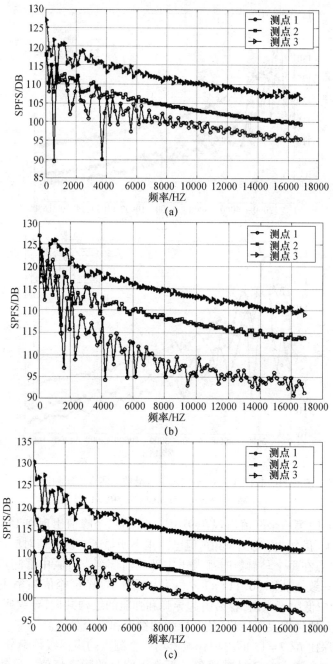

图 6.12　长深比为 13、不同来流马赫数三测点声压频谱

（a）$Ma = 0.6$；（b）$Ma = 0.8$；（c）$Ma = 1.5$。

174

6.4.2 内埋弹舱流场噪声产生机理

接下来对内埋弹舱流场的噪声产生机理进行分析。选取 $L/D = 6$, $Ma = 1.5$ 条件,对内埋弹舱流场内涡量分布进行讨论。

图6.13给出了内埋弹舱流场三维等涡量分布。图6.14的三维剖面图分别截取了导弹头部、中部和尾部三个纵向平面:从各剖面中涡量的分布可知,在头部剖面涡量关于纵轴面横向对称,涡量分布主要集中在舱口部分,后两个剖面对称性逐渐减弱并消失,涡量分布也逐渐布满整个舱内空间,表明内埋弹舱流场内涡量变化很剧烈;从纵向对称面中涡量图可知,涡量的变化主要集中在弹舱后部,特别是导弹尾部和弹舱后壁面之间区域。

图6.13　内埋弹舱流场等涡面分布

图6.14(a)~(e)表现了内埋弹舱内流场从涡的产生、脱落到与弹舱后壁碰撞、声波产生、新的涡产生的一个周期的过程。具体分析如下:

在 $T/5$ 时刻,气流在弹舱前缘分离,在舱口形成剪切层,剪切层向下游运动过程中在导弹头部附近受到声波扰动形成旋涡;旋涡继续向弹舱下游运动,不断增强,在导弹尾部附近开始脱落形成独立的脱落涡($2T/5$);在 $3T/5$ 时刻脱落涡开始与弹舱后壁接触,与弹舱后壁发生碰撞,在舱后缘处产生强烈噪声和压力波($4T/5$);压力波从弹舱后壁向前壁传播,在导弹头部附近激发新的旋涡。于是,内埋弹舱流场内形成了"涡产生—涡脱落—涡碰撞—声波产生—新涡产生"的自持性振荡循环过程,由此产生了噪声。

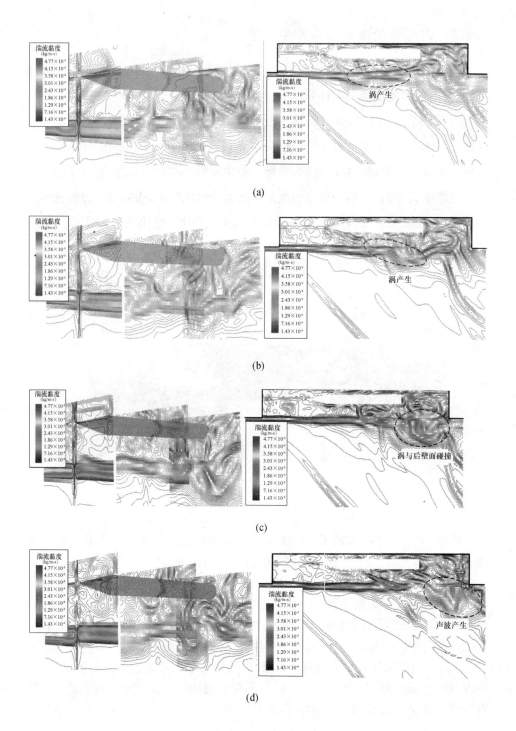

(a)

(b)

(c)

(d)

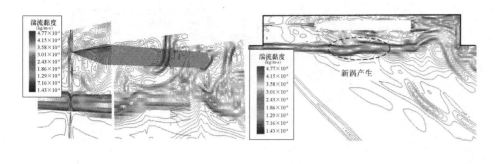

(e)

图 6.14　三维涡量图和对称面涡量图

(a) $T/5$；(b) $2T/5$；(c) $3T/5$；(d) $4T/5$；(e) $5T/5$。

把以上分析结果与文献[128]和本书方法验证时计算得到的空腔发声机理比较可得,内埋弹舱流场噪声的产生于流场中涡的碰撞,连续的噪声是由于在舱内存在自持性振荡循环,这是内埋弹舱流场噪声的产生机理。涡的产生和脱落不是始于弹舱前壁面处,而是从导弹头部附近区域开始,噪声产生的主要区域是从导弹头部到弹舱后壁面之间区域,这是内埋弹舱流场噪声产生机理的特殊性。由 6.5 节分析可知,这将影响噪声的频率特性。

从弹舱内声波干扰和涡与导弹、弹舱的相互作用方面分析,脱落涡与弹舱后壁面发生碰撞,产生强烈的噪声,噪声形成的声波在弹舱内向上游运动,与导弹尾部发生碰撞后绕过导弹表面继续向上游运动,碰撞后的声波能量减弱,在导弹头部附近区域激发新的涡产生,在弹舱前壁面区域,由于声波能量较小对流场扰动较弱,不能激发新的涡产生。

脱落涡与弹舱后壁碰撞后变成小涡结构,由于内埋弹舱中导弹的存在,阻挡了这部分小涡向上游的运动通道,其撞击导弹尾部后大部分返回弹舱后壁面,这就解释了内埋弹舱流场中后部区域涡比较集中的现象。

三维速度等值线图和对称面速度等值线如图 6.15 所示。

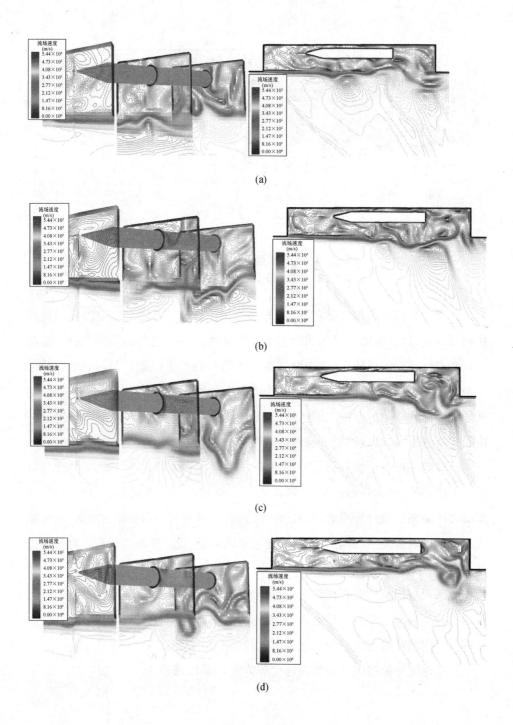

(a)

(b)

(c)

(d)

178

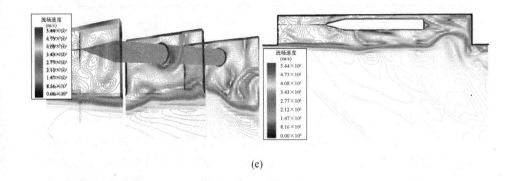

(e)

图 6.15　三维速度等值线图和对称面速度等值线图

(a) $T/5$；(b) $2T/5$；(c) $3T/5$；(d) $4T/5$；(e) $5T/5$。

6.5　内埋弹舱流场噪声频率计算建模

通过以上研究获得了内埋弹舱流场噪声的声压级和频率特性,并获得了其有别于空腔流场的发声机理。在噪声的宏观量中,噪声频率是重要的参数,它与内埋弹舱流场的发声机理直接相关,并影响导弹和弹舱的结构安全和电子设备安全。下面根据内埋弹舱流场噪声的产生机理,基于 Rossiter 空腔频率预测公式建立方法,对内埋弹舱流场噪声频率计算进行分析建模。

6.5.1　空腔噪声频率计算的 Rossiter 公式

基于大量的试验观察,Rossiter 首先提出了空腔噪声频率大小计算公式,即 Rossiter 频率预测公式。对于一个给定的马赫数,他注意到频率峰值跟随着数列 $(n-\alpha)$,其中,n 为正整数,$\alpha = 1/4$。对于腔体的长深比在 $1 \sim 4$ 之间时,变化的马赫数的影响被包含在以下的求解 Sr 数的经验公式中：

$$\mathrm{Sr} = \frac{fL}{U} = \frac{n - \alpha}{\dfrac{1}{k} + Ma} \tag{6.52}$$

式中：k 为经验常数,当 $k = 0.57$ 时计算值与试验值符合很好；

对浅舱结构(L/D 为 $4 \sim 10$),Rossiter 调整常数 α,按照表 6.3。

表 6.3　Rossiter 公式常数值分布

L/D	α
4	0.25
6	0.38
8	0.54
10	0.58

Rossiter 公式称为半经验公式。k 可看做是涡对流速度和自由来流速度的比值;常数 α 可看做是从涡到达后壁面到新的声波产生的延迟时间。声速假定为常数,在腔体内温度微小变化的情况下是正确的。假设沿着剪切层的涡对流速度是常数值存在一些问题,因为在试验和数值模拟中已经观察到了涡对流速度是存在变化的。Elder 在试验中发现,基于涡列的线性稳定性分析,在舱体前壁面附近涡以低速平流运动。Elder 解释这种现象原因是:在紧靠前壁面的脱落涡的垂向位置依赖于在壁面处的剪切层的平均特性。在前壁面的前后区域运用简单的连续性假设会导致来流湍流边界层相比于层流边界层位置较低。结果湍流中运动的平均速度就低一些,平均对流速度大约是自由来流速度的 $1/2$,这个比率在层流中为 0.66。

Heller 把在高马赫数 $Ma > 1.2$ 情况下声速的变化应用到了计算公式中,对声速的修正公式如下:

$$\frac{c_{\text{cavity}}}{c_{\infty}} \sqrt{1 + r \frac{\gamma - 1}{2} Ma^2} \qquad (6.53)$$

式中:c_{∞} 为流场的声速;γ 为比热比;r 为热恢复系数,定义为

$$r = \frac{T_c - T_{\infty}}{T_0 - T_{\infty}} \qquad (6.54)$$

其中:T_{∞}、T_0、T_c 分别为流场的静温、驻温和舱内温度。随着马赫数的增加,r 在 $0.8 < r < 1$ 范围内变化。因此 $T_c \approx T_0$,则 Rossiter 公式的修正公式为

$$St = \frac{fL}{U} = \frac{n - \alpha}{\dfrac{1}{K} + \dfrac{Ma}{\sqrt{1 + \dfrac{\gamma - 1}{2} Ma^2}}} \qquad (6.55)$$

在 $2 < Ma < 3$ 情况下 Heller 公式的计算结果与测量值符合很好。

6.5.2　内埋弹舱流场噪声频率计算分析

Rossiter 对其所建立的计算公式运用类比于边棱音的现象进行阐释。借鉴 Rossiter 模型的建立思路,对内埋弹舱流场噪声频率计算公式推导如下:

180

根据6.4.2节内埋弹舱流场噪声产生机理可知,声波产生于弹舱顺流后壁面的转角处,声波将在导弹头部位置处诱导出脱落涡。脱落涡与后壁面碰撞作用又将产生新的声波。L 表示弹舱长度;L_0 表示导弹长度;L_1 表示导弹头部到弹舱前壁面的距离;λ_a 表示声波的波长;λ_v 表示气动波长,即两个旋涡之间的距离。在初始时刻 $t=0$,逆流传播的声波相位假设为 $0°$。从弹舱后壁面到导弹头部跨越了 n_a 个完整的声波波长 λ_a。此时,在距离后壁面下游 $\alpha_v\lambda_v$ 处存在一个旋涡,如图 6.16 所示。

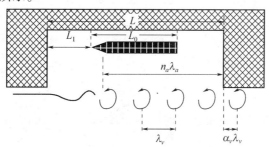

图 6.16　内埋弹舱流场旋涡运动示意图($t=0$)

在时间 $t=t'$ 时,声波的波前到达导弹头部,同时诱导出新脱落涡。旋涡在这段时间内又向下游运动了 U_vt' 距离,于是先前在后壁面处的涡此时距离后壁面为 $\alpha_v\lambda_v+U_vt'$,如图 6.17 所示。

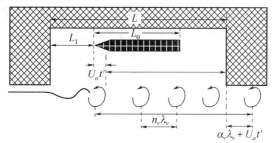

图 6.17　内埋弹舱流场旋涡运动示意图($t=t'$)

涡从导弹头部产生、运动的 n_v 个涡间距可表示为

$$n_v\lambda_v = (L-L_1) + \alpha_v\lambda_v + U_vt' \tag{6.56}$$

在同样的周期内,声波的波前逆流传播了 U_at' 距离,因此有

$$L-L_1 = n_a\lambda_a + U_at' \tag{6.57}$$

通过以上两个公式消去 t',得

$$\frac{U_v}{U_a}n_a\lambda_a + (n_v-\alpha_v)\lambda_v - (L-L_1)\left(1+\frac{U_v}{U_a}\right) = k(L-L_1)\left(\frac{1}{k}+Ma\frac{c_\infty}{U_a}\right)$$

$$\tag{6.58}$$

式中：c_∞ 为声速；k 为速度比，$k = U_v/U_\infty$；Ma 为马赫数 $Ma = U_\infty/c_\infty$。

当发生共振时有频率关系 $f = U_v/\lambda_v = U_a/\lambda_a$，代入上式可推导出：

$$\frac{f(L - L_1)}{U_\infty} = \frac{n_a + n_v - \alpha_v}{\dfrac{1}{k} + Ma \dfrac{c_\infty}{U_a}} \qquad (6.59)$$

与 Rossiter 公式对比可知物理模型是一致的，只需对公式中的符号代换为

$$\begin{cases} n_v + n_a = n \\ \alpha_v = \alpha \\ k = \kappa \\ c_\infty = U_a \\ L - L_1 = L_* \end{cases} \qquad (6.60)$$

根据 Heller 的修正思想，也可对上式进行相应的修正，表达为

$$St = \frac{fL_*}{U} = \frac{n - \alpha}{\dfrac{1}{k} + \dfrac{Ma}{\sqrt{1 + \dfrac{\gamma - 1}{2}Ma^2}}} \qquad (6.61)$$

同空腔噪声频率计算公式比较可知，两者在长度参量方面发生了变化。根据噪声产生机理，由于内埋弹舱流场内涡的产生、发展、脱落、碰撞等都发生在导弹头部到弹舱后壁面之间区域，区域的长度就为特性长度。所以改进后的公式把弹舱长度变化为特征长度，表现了这种不同的发声机理。

表 6.4 为 $L/D = 6$ 时，不同来流马赫数条件下，运用 Rossiter 计算公式（式 (6.52) 和式 (6.59)）计算得到的第 2 阶和第 3 阶频率值，并与数值计算测得的频率值比较，以数值计算值为分母计算误差值。

表 6.4　内埋弹舱流场噪声频率值对比

条件		测量值/Hz	Rossiter 计算值/Hz	误差/%	式(6.57)计算值/Hz	误差/%
$Ma = 0.6$	$n = 2$	920	781.3	−15.1	1004.5	9.2
	$n = 3$	1584	1263.5	−20.2	1624.6	2.6
$Ma = 0.8$	$n = 2$	1168	960.0	−17.8	1234.3	5.7
	$n = 3$	1876	1552.6	−17.2	1996.2	6.5
$Ma = 1.5$	$n = 2$	1742	1412.3	−18.9	1815.8	4.2
	$n = 3$	2811	2284.1	−18.7	2936.7	4.5

从表 6.4 可以看出：用 Rossiter 频率计算公式得到的内埋弹舱流场噪声频

率普遍偏小,误差都在15%以上;用改进后的式(6.59)计算结果都偏大,但是误差范围较小,都小于10%,最小2.6%,最大9.2%。这表明改进的内埋弹舱流场噪声频率计算公式的正确性。

6.6 小 结

本章运用声学比拟方法对内埋弹舱流场噪声的特性和产生机理进行了研究。通过求解内埋弹舱流场计算域的非定常流动控制方程,得到空气动力声源,采用声波传播方程(FW – H方程)计算远场辐射噪声。对弹舱内流场噪声的声压级(SPL)和声压频谱特性进行了分析。分析了内埋弹舱流场内涡的产生、运动和变化规律,得到了内埋弹舱流场噪声产生的特殊机理并对内埋弹舱流场噪声频率计算方法进行了分析建模。主要工作和结论如下:

(1)内埋弹舱流场在亚、跨、超声速条件下均存在剧烈的噪声,在空间上从弹舱前壁到后壁声压级呈递增分布。长深比(L/D)是影响内埋弹舱流场噪声的频率特性的主要参数。根据计算结果,在$L/D = 6$时内埋弹舱流场噪声出现明显的声压级频率峰值;随着L/D增大噪声峰值逐渐减弱;在$L/D = 13$时声压级频率峰值消失。来流马赫数变化可以改变噪声声压级大小但不能改变声压级频率特性。

(2)内埋弹舱流场噪声产生于流场中涡与壁面的碰撞,连续的噪声是由于在弹舱内存在"涡产生—涡脱落—涡碰撞—声波产生—新涡产生"的自持性振荡过程。与空腔发声机理比较,涡的产生和脱落不是始于弹舱前壁面处,而是从导弹头部附近区域开始;噪声产生的主要区域是从导弹头部到弹舱后壁面之间区域。这是内埋弹舱流场噪声产生机理的特殊性。

(3)根据内埋弹舱流场噪声的产生机理,基于Rossiter空腔频率预测公式建立方法,对内埋弹舱流场噪声频率计算方法进行分析建模。通过引入特征长度改进了空腔噪声频率计算公式,得到符合内埋弹舱流场噪声机理的噪声频率计算公式,并通过与测量值的对比验证了改进公式的正确性。

本章的结论可为内埋弹舱结构安全性分析和内埋弹舱流场噪声抑制提供理论依据。

第7章 无人作战飞机内埋式导弹发射及其流场综合控制仿真方法

针对运用数值计算方法研究导弹发射初始弹道控制和流场控制,需要联合控制系统与流场计算仿真的问题。本章对所需的仿真方法进行研究,建立 FLU-ENT/SIMULINK 协同仿真平台,把控制作用引入流场解算中。基于协同仿真平台建立初始弹道控制仿真方法。研究运用合成射流对流场进行主动控制的模型选择和作用机理,基于协同仿真平台和粒子群优化算法(PSO)建立合成射流主动流场控制最优化仿真方法。

7.1 初始弹道和弹舱流场主动控制研究现状

保证导弹投放安全性除对投放参数进行设计和控制以外,还可以采用在导弹初始运动阶段主动控制的方法。

A. Atwood Christopher[129]对耦合求解雷诺平均 N-S 方程、刚体动力学方程和俯仰控制律方程的方法进行了研究,并用于对导弹弹道进行控制。结果验证了这种联合控制方法的可行性。但是对其中涉及的实现机制没有进行讨论。R. H. Nichols 等人[130]对 AEDC 标准的导弹运动数值计算程序进行改进,使其包含了对导弹的主动控制。通过引入自驾仪模块进行舵机控制,通过多体相对运动的网格变形技术实现与 CFD 的信息交换。所得结果与无控制情况下进行对比,验证了这种有控弹道方法的有效性。E. Hallberg 等人[131]介绍了美军进行高速反辐射演示项目(HSAD)的情况,其中涉及的技术为在导弹投放的初始阶段加载自动驾驶仪的作用,通过使用 NAVSEP 流场计算器和 MATLAB/SIMU-LINK 协同仿真的方法来实现,具体如图 7.1 所示。对比分析了有控和无控条件下导弹的分离弹道。验证了协同仿真方法引入导弹控制的可行性,表明通过引入对导弹的控制可以增强机弹分离安全性。

导弹内埋发射弹道控制仿真的关键技术是协同仿真技术,国内学者也对其进行了研究。谢海斌等人[132]以水下机器人的动态行为仿真为背景,提出了MATLAB /SIMULINK 与 FLUENT 协同仿真的解决方案。分析了两个仿真环境实现协同仿真的技术可行性并提出了三种可行的接口方式。仿真结果表明,协

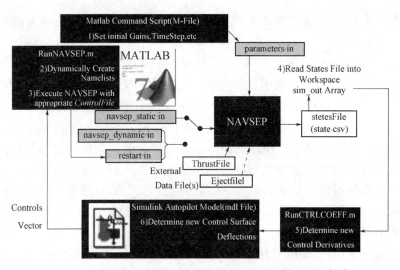

图 7.1　NAVSEP 与 MATLAB/SIMULINK 协同仿真过程[131]

同仿真方法对研究流体环境中物体运动与流体动力紧密耦合的问题提供了有效手段。

鲍文等人[133]结合 FLUENT 和 MATLAB 各自优点,根据 WinSock 网络通信原理,开发了 FLUENT/MATLAB 接口,建立了分布参数模型闭环控制仿真平台,并通过算例仿真验证了该方法的可行性和实用性。

协同仿真技术可以充分利用流体计算软件和综合控制仿真软件的优势,可以应用于导弹初始弹道控制的仿真研究中。

对内埋弹舱流场进行控制,可以减小由于弹舱内压力脉动对导弹和弹舱结构及电子设备的冲击作用,对机弹安全性非常必要。随着 F－22、F－35F 和 X－45A 为代表的新一代高性能战斗机的研制,美国进行了多项针对武器舱气动噪声及内埋武器分离特性改善的流动控制研究计划。例如:1996 年,美国空军组织的武器舱流动主动控制研究项目(Active Robust Control of Internal Cavities,ARCTIC)[134];波音公司于 2001 年开展的高速武器分离高频激励主动流动控制技术项目(High－Frequency Excitation Active Flow Control for High Speed Weapon Release,HIFEX)[135];接续 HIFEX 计划,波音公司与美国空军研究实验室(AFRL)于 2002—2003 年开展了远程打击武器气动实验(Long Range Strike Aero Experiment,LRSAE)计划[136]等。由此可以看出,在新一代战斗机实际研制中噪声控制问题是非常必要的。

对内埋弹舱流动的控制主要分为被动控制和主动控制两种方法。大量研究结果表明,在弹舱前缘施加各种控制作用可以影响整个弹舱流场[137]。被

185

动控制技术包括弹舱前缘添加扰流片、前缘加装细圆悬杆、倾斜弹舱后缘壁面等。

Shekhar Sarpotdar 等人[138]研究了在弹舱前缘固定细圆柱杆对舱口剪切层流场的扰动机制,以及由此引起的舱内流线结构和噪声的变化。结果发现圆柱杆的固定位置对噪声抑制的效果影响很大,并且随着来流马赫数增大这种抑制效果减弱。Lee Youngki 等人[139]通过数值模拟方法研究了两种空腔流场被动控制方法对超声速流场噪声的抑制效果。采用的被动控制方法分别是弹舱前缘添加鼓包和弹舱前壁面凹陷,运用 LES 方法求解三维质量平均 N−S 方程研究舱内旋涡特性。结果表明,在两种控制方式下,空腔前壁面附近的压力脉动减弱。原因是控制结构提升了舱口剪切层的位置,但是前缘鼓包的控制效果并不明显。

吴继飞等人[140]开展了利用弹舱前缘施加细圆柱体扰动的方法,控制内埋式弹舱流场特性及武器分离特性的风洞试验研究。结果表明:采用该流动控制措施能有效降低过渡和闭式空腔流场的静态压力梯度,并能有效改善武器模型的分离特性;对开式空腔,则能够有效降低舱底各测点的总声压级。冯强等人[137]针对飞翼布局飞机内埋弹舱高强度气动噪声问题,以高速风洞气动噪声和气动力测量为研究手段,开展了基于弹舱前缘锯齿形扰流片激励的弹舱综合流动控制技术试验研究。结果表明:该控制方法可以降低弹舱噪声 5~8dB,并且可以在巡航状态下弹舱的开舱阻力最多达 20%。

相比于被动控制,主动控制方法则更加灵活,可以根据不同的来流条件改变控制输入的大小,主要有弹舱前缘吹气、脉冲能量输入、微射流和合成射流等方法。

J. E. Grove 等人[141]利用前缘定常吹气的方法对跨、超声速下 F−111 弹舱噪声及内埋武器分离特性进行控制。研究结果表明:$Ma=0.9$ 时噪声抑制量达 15dB;$Ma=1.5$ 时噪声抑制量达 18dB;吹吸气对武器受力和力矩特性影响很小。E. Lazar 等人[142]运用风洞试验方法研究了在长深比 5.29 和来流马赫数 1.4 条件下,在弹舱前沿施加脉冲能量输入的主动流动控制方式对开式空腔剪切层的扰动效果和舱内噪声的抑制效果。结果发现脉冲能量注入可以促使剪切层大涡结构的形成,从而降低流致噪声强度。Lawrence Ukeiley 等人[143]通过风洞试验研究了在复杂结构空腔前缘施加微射流主动控制方式对弹舱噪声强度和频率的抑制作用。结果表明:微射流控制可以在马赫数 1.5 条件下成功减小弹舱声压级和声压级峰值强度。

合成射流又称零质量射流,是一种基于旋涡运动的流动控制方式,其本质是将机械振动能量转换成射流流体能量,与外部流动的主气流通过旋涡之间的相互作用达到流动控制的效果。它的产生不需要气源,是一种无源射流,结构简单、安装方便且易于实现。近年来,国内外学者研究利用合成射流对空腔流场和声学特性进行控制。Zhang Shanying 等人[144]通过风洞试验方法研究了合成射流的特性及其与自由来流的作用机理,并研究对湍流分离的控制效果。结果发现:合成射流的作用机理是通过旋涡运动进行交换,合成射流自身的旋涡流动可以诱导自由来流的剪切层产生旋涡流动,可以推迟流动分离。

杨党国等人[145]对合成射流抑制开式空腔气动噪声问题进行了风洞试验研究,主要研究了合成射流对高速运动主流条件下的空腔噪声的抑制效果。结果表明:在跨声速($Ma = 0.9$)条件下,合成射流对空腔内噪声有一定的抑制效果,且腔前部区域声压级降低幅度比后部区域大,射流出口位于腔前壁上的射流方式对腔内噪声的抑制效果比射流出口垂直来流的方式要好;在超声速($Ma = 1.5$)条件下,合成射流对空腔内气动声学特性影响较小,对腔内噪声几乎无抑制效果。

从前面研究结果可知,内埋弹舱流场会对导弹初始弹道造成很大影响,导弹在重力投放条件下不能安全从弹舱分离,高速气流流过内埋弹舱流场产生的强烈舱内噪声可能造成导弹和弹舱结构疲劳、电子器件损坏等危害。因此,需要对导弹内埋发射初始弹道和内埋弹舱流场进行控制。因为两方面控制都涉及内埋弹舱流场,国内外的研究表明,在内埋弹舱前缘施加流动控制可以在初始弹道控制和噪声控制两方面取得较好的效果[137]。在弹道控制的风洞试验方面,国外发展了虚拟飞行风洞试验方法(又称自由飞风洞试验方法),国内也积极开展了这方面的研究。在风洞试验中可以通过与设备匹配的计算机控制系统对导弹或者流场进行实时控制和最优化。然而在数值计算方面,由于流场计算软件的独立性,对流场进行带控制的数值仿真需要建立新的数值仿真方法。本章针对流场控制研究方法的需求,根据协同仿真思想,建立 FLUENT/SIMULINK 协同仿真平台,通过引入控制系统作用建立了弹道控制仿真方法。运用该方法对导弹内埋发射初始弹道进行控制研究。

流场控制分为被动控制和主动控制两种方法:被动控制方法包括在弹舱前缘安装扰流器、细圆柱杆等其结构简单、安装方便,但是控制效果也相对固定,适应性不强;主动控制方法可以根据飞行条件调节控制参数,所以适用范围更广。主动流动控制方法包括前缘吹气、微射流和合成射流等,书中采用合成射流方法对内埋弹舱流场进行控制。合成射流自身的数值模拟有速度出口模型、单连通域模型和动边界模型三种模型。对模型的选取将直接影响到流动控制的效果。首先对三种模型进行对比研究,选取最佳模型用于流动控制;然后基于书中建立的协同仿真方法和 PSO 算法研究流场控制最优化问题。

7.2　FLUENT/SIMULINK 协同仿真方法

FLUENT 与 SIMULINK 各有专长,它们通常是分别针对导弹发射问题的流体动力学仿真和动态系统建模、设计和仿真问题独立使用的。然而,内埋导弹初始弹道控制问题与空气动力载荷之间是紧密耦合并且互为条件的,在单一环境下分别对其仿真,均难以获得精确的结果,无法满足准确仿真导弹发射动态行为的要求和姿态控制器设计的要求,因此需要构建 FLUENT 和 SIMULINK 相结合的协同仿真环境,以充分发挥各仿真平台的优势、消除在单一平台中进行仿真的局限性。

文献[132]提出了三种协同仿真方案来处理水下机器人的动态行为,并分析了每种的技术可行性。文献[133]基于 Winsock 网络通信技术开发了 MATLAB/FLUENT 的数据接口,对分布参数模型进行闭环控制的仿真平台。文献[146]通过 SIMULINK/FLUENT 协同仿真技术实现了质子交换膜燃料电池内部数值仿真和外部环境作用的协同仿真。有关内埋式导弹在有控制发射情况下的初始弹道协同仿真还未见报道。

7.2.1　协同仿真方法的提出

实现 FLUENT/SIMULINK 协同仿真关键在于解决两软件之间的数据传递。SIMULINK 工具是用于各种动态系统建模、分析和仿真的图形交互环境,它与MATLAB 可以实现无缝集成,可以通过 M 文件的 S 函数进行功能扩展,并且可以直接利用 MATLAB 的各种命令和函数资源实现复杂系统仿真及数据传输等功能。FLUENT 运行中的指令序列可以存储为 Journal 文件,外部程序可以通过调用 Journal 文件的方式执行 FLUENT,使其按照 Journal 文件中的指令序列自动执行仿真任务。对于非定常边界条件和动态网格等应用,FLUENT 提供了基于C 语言的用户自定义函数 UDF(User Defined Function)扩展其功能。

从 SIMULINK 与 FLUENT 的运行机制可知,SIMULINK 可利用 S 函数程序实现接口,进而可通过 C 语言与其他应用程序实现接口,而 FLUENT 可利用 Journal 文件和 UDF(C 语言程序)辅助以一定的数据文件实现与其他应用程序的接口。因此,尽管两个软件系统之间没有提供直接的协同仿真接口,但都可以与 C

188

语言程序实现接口并且具有文件操作能力,这就为两者之间通过 C 语言和共享数据文件的间接方式实现协同仿真提供了可能。

具体到舵面控制问题中,FLUENT 根据初始条件和边界条件计算内埋弹舱内流场参数、导弹受力和力矩。通过 UDF 编程的方式进行导弹的六自由度弹道方程解算获得导弹的运动位移和姿态,实现共享数据文件和 Journal 文件的存储和更新[147]。SIMULINK 在运行时读取共享数据文件中所需数据作为输入,根据设计的控制系统完成舵面偏转角的计算并将以上数据存入共享数据文件中。FLUENT 根据 UDF 程序向动网格程序中提供更新的导弹运动参数和舵面偏转参数,重新计算流场参数和导弹参数,更新共享数据文件。相应的协同仿真原理如图 7.2 所示。

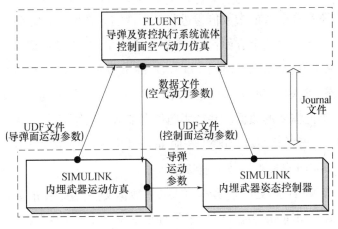

图 7.2　协同仿真原理图

7.2.2　FLUENT/SIMULINK 协同仿真方法的实现

实现两个软件系统的协同仿真有如下三种可能的接口方式:

(1) FLUENT 中嵌入 SIMULINK 方式:将在 SIMULINK 中建立的导弹舵面控制模型求解程序通过 MATLAB 计算引擎或编译成 C 函数,在 FLUENT 中用动网格边界条件 UDF 调用编译好的 C 函数。

(2) SIMULINK 中嵌入 FLUENT 方式:将 FLUENT 作为 SIMULINK 中导弹舵面控制系统的流体动力计算模块,在 M 程序中通过调用命令,调用 FLUENT 的 Journal 文件,从而启动 FLUENT 执行相应的仿真任务。在这种接口方式下,由

189

于 SIMULINK 和 FLUNET 没有可供直接传递参数的公共接口,因此只能通过访问共享数据文件(或共享内存)以及利用文件 I/O 操作修改 FLUENT 的 Journal 文件中的相关参数的方式实现间接的参数传递。

(3) FLUENT 与 SIMULINK 并行协同仿真方式:FLUENT 与 SIMULINK 的仿真循环受控于一个共享数据文件(或共享内存)中的相关标志位,使两个仿真系统始终处于交替工作状态,以提供彼此需要的数据。这种方式下,仿真循环中两个仿真系统以共享数据为中介,不存在直接的参数传递过程,因此,SIMULINK 可在 M 函数中通过自带的文件 I/O 函数访问共享数据,而 FLUENT 则要在 UDF 中编写通过 C 语言提供的文件 I/O 函数访问共享数据的程序。

在此,采用并行协同仿真方法,这种方式下仿真循环中两个仿真环境以共享数据为中介,不存在显式的参数传递过程。因此需要在两软件之间定义数据输入输出格式,主要包含两个方面:一是数据传输的格式;二是数据是否准备好的标志。具体来讲,启动协同仿真后 FLUENT 和 SIMULINK 都主动运行始终处于交替工作状态,进入指定时间步的迭代循环中,按照并行协同仿真方式进行数据交换,以提供彼此需要的数据。并行协同仿真基本步骤如下:

(1) 两软件开始运行,FLUENT 按照 Journal 文件运行,读入 UDF 程序,计算气动力参数,SIMULINK 查询数据准备好标志。

(2) FLUENT 计算收敛,将数据写入共享数据文件,置数据准备好标志。

(3) SIMULINK 读取数据文件,解算舵面偏转角,更新共享数据文件,置数据准备好标志,返回步骤(1)继续执行。

FLUENT 与 SIMULINK 的仿真循环由共享数据文件中的相关标志位控制,SIMULINK 可以在 S 函数中通过自带的文件 I/O 函数访问共享数据,FLUENT 则要在恰当的 UDF 中通过 C 语言提供的文件 I/O 函数访问共享数据。其中,S 函数传递给 FLUENT 的参数分为两类:一种是 FLUENT 通过图形用户界面设定的参数,通过修改 Journal 文件方式传递;另一种是在 UDF 中用于计算动网格运动规律的参数,如弹体和舵面的动网格模拟,由于 UDF 的接口形式是固定的,只用于与 FLUENT 计算环境之间传递参数,可以采用 DEFINE_CG_MOTION 和 DE-FINE_GEOM 宏命令运用共享数据文件的方式实现参数设定。并行协同仿真流程如图 7.3 所示。

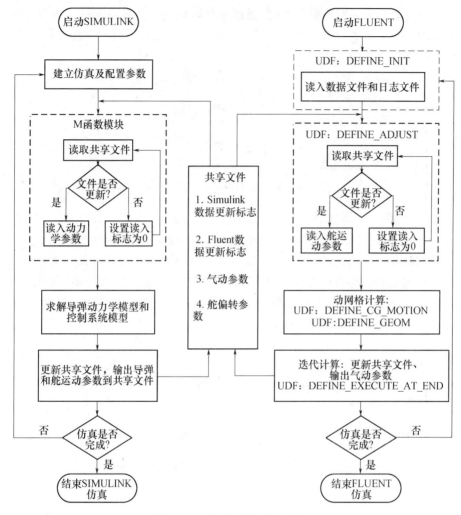

图 7.3　并行协同仿真流程图

7.3　导弹内埋发射初始弹道控制仿真方法验证

7.3.1　流场数值计算模型和弹道模型

　　运用建立的 FLUENT/SIMULINK 协同仿真平台,对导弹在控制系统作用下的初始弹道进行数值仿真,其中在流场计算方面涉及弹舱、导弹和舵面的多体相对运动。需要导弹舵面附近的网格划分细致,才能准确获得舵面偏转的气动力和力矩,这对动网格方法的应用也是一次新的尝试[148]。在处理导弹和舵面相

191

对运动方面本书采用双坐标系建模,通过坐标转换的方式实现统一。本节导弹模型采用4.5.3节的模型具体参数见表4.2,导弹舵面可以根据施加控制转动,模型计算域网格如图7.4所示。

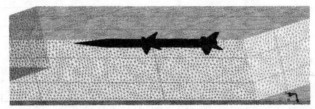

图7.4 导弹和内埋弹舱计算域网格

在本书研究中,导弹为正常式气动布局,定义导弹弹体为运动刚体,四片舵面也为运动刚体,舵面通过与弹体产生相对运动,改变导弹所受气动力和力矩,达到控制导弹运动的目的。因此,最重要的是把弹体和舵机的运动参数传递给控制网格运动的宏命令。为便于研究,如图7.5所示,定义舵坐标系 $o_r x_r y_r z_r$,其原点 o_r 位于舵轴与舵根弦交点处,$o_r x_r$、$o_r y_r$、$o_r z_r$ 三轴分别与弹体坐标系 $o_1 x_1$、$o_1 y_1$、$o_1 z_1$ 三轴相平行,构成右手直角坐标系。

图7.5 弹体坐标系与舵坐标系示意图

假设由控制模块输出的舵绕其轴的转动角速度为 δ_C,则可以得到仿真过程中任一时刻在舵坐标系内的角速度投影为

$$\omega_{xr} = 0, \omega_{yr} = \frac{\sqrt{2}}{2}\delta_C, \omega_{zr} = \frac{\sqrt{2}}{2}\delta_C \tag{7.1}$$

在有控运动状态下,导弹舵面和弹体存在相对转动的角速度,可以通过式(7.2)计算在舵坐标系下舵面的角速度值,积分得到舵面偏转的角度,作为参数传递给 UDF 的宏命令编程使用。

$$\boldsymbol{\omega}_r = \boldsymbol{\omega}'_r + \boldsymbol{\omega}_{1r} \tag{7.2}$$

式中:$\boldsymbol{\omega}_{1r}$ 为弹体角速度到舵坐标系的投影;$\boldsymbol{\omega}'_r = [\omega_{xr}, \omega_{yr}, \omega_{zr}]^{\mathrm{T}}$。

将弹体运动看作牵连运动,将舵绕舵轴转动看作相对运动,根据速度合成定理舵的质心在发射惯性坐标系下的绝对运动由下式计算:

192

$$\begin{cases} v_{xr} = v_{x1} + \omega_{y1}(z_r - z_1) - \omega_{z1}(y_r - y_1) \\ v_{yr} = v_{y1} + \omega_{z1}(x_r - x_1) - \omega_{x1}(z_r - z_1) \\ v_{zr} = v_{z1} + \omega_{x1}(y_r - y_1) - \omega_{y1}(x_r - x_1) \end{cases} \quad (7.3)$$

式中:v_{x1}、v_{y1}、v_{z1}分别为弹体质心运动速度;ω_{x1}、ω_{y1}、ω_{z1}为弹体坐标系下弹体转动角速度;x_1、y_1、z_1为发射惯性坐标系下弹体质心位置;x_r、y_r、z_r为发射惯性坐标系下舵坐标系原点位置。导弹六自由度运动方程及其 SUMULINK 建模参考文献[149]。

7.3.2　初始弹道协同仿真的控制模型

在导弹初始弹道控制过程中俯仰方向的姿态和纵向位移是研究的重点,本书以俯仰姿态控制为例进行控制模块设计,控制模块的输出为舵面偏角 δ_C。

图 7.6 建立了基于 SIMULINK 的导弹控制系统模型。

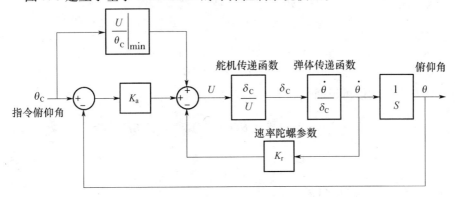

图 7.6　SIMULINK 的导弹控制系统模型

本例通过小扰动方程推导出线性方程作为导弹的计算模型。其中舵机伺服机构传递函数在此选择为一阶:

$$\frac{u}{\delta_C} = \frac{g}{s + f}$$

导弹动力学传递函数在此选择为二阶:

$$\frac{\dot{\theta}}{\delta_C} = \frac{ds + e}{as^2 + bs + c}$$

其中各系数的值由控制方程决定;它们主要与导弹的几何外形、流场信息、稳态导数相关。稳态导数项在二维情况下由线性化的超声速翼型理论决定,在三维情况下通过直接的数值计算。比例系数 K_a 和速率陀螺系数 K_r 的计算可以采用极点配置法及线性系统时间响应法。

取状态变量 $\dot{\boldsymbol{X}} = \begin{bmatrix} \theta & \dot{\theta} & \ddot{\theta} & \delta_C \end{bmatrix}^{\mathrm{T}}$，令 $\boldsymbol{u} = \boldsymbol{QX} + \boldsymbol{R}r$ 可推导得到闭环状态下的状态空间表达式：

$$\begin{cases} \ddot{\boldsymbol{X}} = \boldsymbol{AX} + \boldsymbol{B}\begin{bmatrix} \boldsymbol{QX} + \boldsymbol{R}r \end{bmatrix} = \begin{bmatrix} \boldsymbol{A} + \boldsymbol{BQ} \end{bmatrix}\boldsymbol{X} + \boldsymbol{RB}r \\ \boldsymbol{Y} = \boldsymbol{CX} \end{cases} \qquad (7.4)$$

其中各系数表达式如下：

$$\boldsymbol{A} + \boldsymbol{BQ} = \begin{bmatrix} 0 & 1 & 0 & 0 \\ 0 & 0 & 1 & 0 \\ 0 & -\dfrac{c}{a} & -\dfrac{b}{a} & \dfrac{d}{a} \\ -\dfrac{eg}{d}K_a & -g\left(K_a + \dfrac{e}{d}K_r\right) & -gK_r & -f \end{bmatrix}$$

$$\boldsymbol{RB} = \begin{bmatrix} 0 & 0 & 0 & (K_a + K_r)g \end{bmatrix}^{\mathrm{T}}$$

$$\boldsymbol{B} = \begin{bmatrix} 0 & 0 & 0 & g \end{bmatrix}^{\mathrm{T}}$$

$$\boldsymbol{C} = \begin{bmatrix} 0 & 1 & 0 & 0 \end{bmatrix}$$

状态变量的值可以通过如下的欧拉显式迭代公式计算：

$$\boldsymbol{X}^{n+1} = \Delta t\left[\left(\boldsymbol{A} + \boldsymbol{BQ} + \dfrac{\boldsymbol{I}}{\Delta t}\right)\boldsymbol{X}^n + K_a\boldsymbol{B}r^n\right]$$

$$\boldsymbol{Y}^{n+1} = \boldsymbol{CX}^{n+1} \qquad (7.5)$$

7.3.3　仿真结果及分析

由第 5 章的研究结果可知，导弹在重力投放条件下 0.355s 时会与弹舱发生碰撞导致数值仿真失败。本书对重力投放情况下的无控段弹道进行控制。假设导弹三个通道是相互独立不耦合的，根据以上建立的动力学模型和控制模型，设定仿真条件：计算域入口为压力入口边界条件；载机和导弹为壁面边界条件；载机和导弹的纵向对称面设为对称边界条件；其余计算域边界面设为压力远场边界条件。考虑到几何外形比较复杂，采用 SST $k - \varepsilon$ 湍流模型。控制系统中，舵机时间常量 $\tau = \dfrac{1}{75}$s, $f = \dfrac{1}{\tau}$，增益值 $K_a = 1.2, K_r = 0.06$。设定仿真时间步长为 0.0002s。

仿真计算得到内埋导弹在无控制情况下和有控制情况下俯仰角、滚转和偏航通道的角度及角速度时间曲线分别如图 7.7 ~ 图 7.9 所示。

从角度和角速度时间曲线分析可知，控制作用对导弹三个通道的作用效果很明显，导弹姿态角不再随着时间持续增大或减小，在控制作用下经过两次大的波动最后在平衡位置附近振荡。从有控和无控的对比还可发现控制后各角度和角速度量对无控量的跟随性很好,说明流场数值计算系统和控制系统的参数可以准确传递。试验结果验证了基于 FLUENT/SIMULINK 并行协同仿真平台的弹道控制仿真方法的可行性。

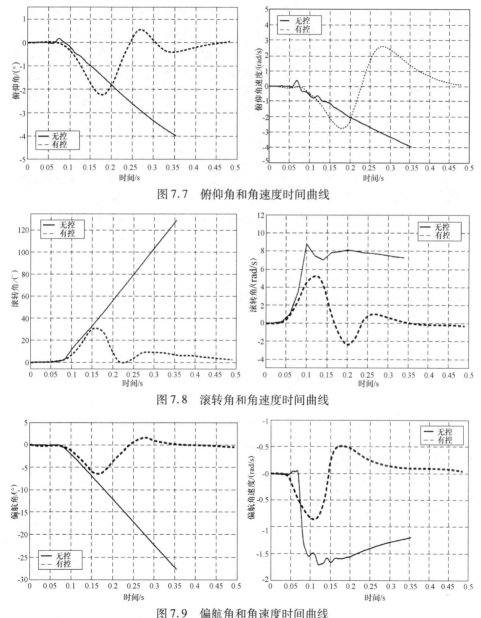

图 7.7　俯仰角和角速度时间曲线

图 7.8　滚转角和角速度时间曲线

图 7.9　偏航角和角速度时间曲线

7.4 基于合成射流的内埋弹舱流场主动控制数值仿真

对内埋弹舱流场进行控制可以确保导弹发射安全性和减小流场噪声。合成射流作为一种新型、高效的流动控制方式,是由足够强的振动流动在突然扩张过程中产生的一种时间平均的流体运动[150]。与传统的吹/吸气流控制相比,合成射流具有仅对外输出动量而输出质量为零的显著特征[151]。在进行合成射流对流场的数值仿真时选取合适的数值仿真模型是关键问题,关系到仿真结果的准确性。因此,在运用合成射流对内埋弹舱流场控制进行数值计算之前先进行合成射流本身的数值计算模型选取。

7.4.1 合成射流数值模拟方法对比

对合成射流流场特性和相关应用的研究除试验手段以外随着计算流体力学的发展,用数值模拟方式研究合成射流的特性和应用是合成射流研究的重要方向。在合成射流数值模拟中现在普遍运用的合成射流模型有出口速度模型、单连通域模型和动边界模型。

L. D. Kral 等人[152]提出了出口速度模型,在早期的合成射流研究中应用广泛。在随后的研究中 Lee 等人对激励器振动膜的运动规律建立模型,又陆续提出了激励器腔体和外流场联合数值模拟的连通域模型和动边界模型[153]。采用压电振子贴体流体的流速表征单连通域的进口边界条件为单连通域计算模型,按质点位移运动规律进行动边界处理则为动边界计算模型。

对合成射流特性的研究主要集中在两方面:一是合成射流速度大小和分布规律研究;二是合成射流及附近流场旋涡分布和运动规律研究。许多文献对射流的速度特性进行了研究,并以其作为评定数值模拟结果与试验结果是否一致的标准,对旋涡特性与运动研究的较少,本节将对比研究三种激励器模型形成的合成射流中旋涡的空间分布和强度分布,更深入理解合成射流的本质,并选择最佳合成射流数值计算模型,应用于合成射流对内埋弹舱流场主动流动控制的数值仿真。

1. 控制方程和流场计算模型

书中采用二维非定常 Reynolds 平均 Navier – Stokes 方程作为主控方程,联合连续方程构成的主控方程组如下:

$$\begin{cases} \nabla \cdot \overline{\boldsymbol{U}} = 0 \\ \rho \dfrac{\partial \overline{\boldsymbol{U}}}{\partial t} + \rho \overline{\boldsymbol{U}} \cdot \nabla \overline{\boldsymbol{U}} = -\nabla \overline{p} + (\mu_1 + \mu_t) \nabla^2 \overline{\boldsymbol{U}} \end{cases} \quad (7.6)$$

196

式中:ρ 为流体密度;P 为压强;μ_1、μ_t 分别为层流和湍流的动力黏度。

湍流模型采用 SST$\kappa - \varepsilon$ 模型,时间离散采用一阶显示格式,空间离散采用二阶迎风格式,压力修正采用 PISO 算法。三种模型的边界条件采用用户自定义编程加载到解算器中。

数值计算合成射流激励器尺寸参数:腔体的宽度 W、高度 H 分别为 20mm、2.5mm;喷口宽度 d、长度 l 均为 0.5mm。外部流场的计算尺寸为 30mm × 40mm,对腔体壁面、喷口壁面和外壁面附近用边界层网格进行加密,计算的网格数为 70000 个,激励器模型和计算区域外形和结构化网格如图 7.10 所示。

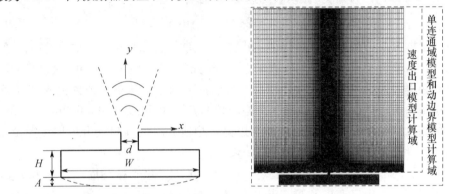

图 7.10　合成射流激励器示意图和计算区域网格

2. 合成射流模拟方法建模[154]

1）出口速度模型

考虑到压电式合成射流激励器出口处的速度分布是时间与空间的函数,在时间分布函数处理上采用活塞运动模型的余弦函数表达。y 轴和 x 轴速度的具体表达式如下:

$$v_p(t,y) = U_{max}g(y)\cos(2\pi ft), \qquad u_p(t,x) = 0 \qquad (7.7)$$

式中:U_{max} 为出口流动速度的最大值;$g(y)$ 为射流 y 方向(流向)空间分布函数,在书中取 $g(y) = 1$;f 为振动膜的振动频率。

动边界模型和单连通域模型都是模拟实际激励器的振动膜运动机制,前者是以边界位移形式模拟,后者则是以速度入口形式模拟。

2）动边界模型

为准确模拟由于振动膜的周期运动造成腔体体积变化在出口处"吹"与"吸"气流形成射流的过程,引入运动网格处理方法模拟振动膜的运动,通过把每一时刻振动膜所处位置传递给振动膜的网格节点实现实时的运动模拟。为了准确捕捉到压电式合成射流激励器振动膜的运动规律,运用 B 样条插值方法获得振动模型作为动网格编程的参数。本书研究中振动膜振动时相对于平衡位置的位移由下式表示：

$$S(t,x,y) = Ag(x,y)\sin(2\pi ft), g(x,y) = 0.0001 - (x^2 + y^2) \quad (7.8)$$

式中：S 为振动膜的瞬时位移；A 为振动膜的振幅。

3）单连通域模型

把振动膜的运动速度添加到边界条件中，以此来模拟由于振动膜的振动导致的流体运动形成射流。瞬时射流速度通过瞬时的振动膜位移微分得到，通过对式(7.8)微分可以得到振动膜的速度表达式：

$$v_{\mathrm{m}}(t,x,y) = 2\pi f Ag(x,y)\cos(2\pi ft) \quad (7.9)$$

根据以上三种模型，如何把振动膜处的运动转化为喷口处的射流运动，需要选择合适的射流速度和振动膜运动速度和幅值。这与腔体的尺寸、喷口尺寸和振动频率等因素相关，可以用 St 作为判断标准，对于二维的合成射流模拟 St 必须小于 0.5。本书通过试验确定在振动频率 $f = 500\mathrm{Hz}$，振值 $A = 0.2\mathrm{mm}$（约 8% 腔体高度）时，由单连通域模型和动边界模型所获得的喷口处合成射流速度与出口速度模型参数 $U_{\mathrm{max}} = 25\mathrm{m/s}$ 时一致。

计算时非定常计算的时间步长 $\Delta t = 0.00002\mathrm{s}$，每个振动周期计算 100 步。按照射流平均出口速度和喷口几何尺寸计算的 Re、St 分别为 $Re = 15000$，$St = 0.19$。

3. 数值计算结果对比分析

运用建立的合成射流数值计算模型，分别进行数值仿真。从三种模型计算得到的出口附近的速度矢量图 7.11 与参考文献的实验数据[156]进行对比分析可得：在出口速度的空间分布上三种模型均能较好捕捉到喷口附近的速度构成，单连通域模型的中心速度区域较其他两种狭长，速度核心区域也更小。

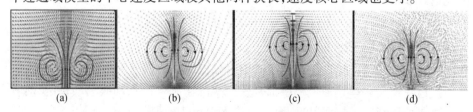

图 7.11　出口附近区域速度矢量图

(a) 实验速度矢量图；(b) 出口速度模型；(c) 单连通域模型；(d) 动边界模型。

从图 7.12 得到的流线图比较可得，三种模型均能捕捉到由于喷口剪切层卷曲而形成的涡对。单连通域模型（图 7.12(b)）和动边界模型（图 7.12(c)）还表现出激励器腔体内流场情况。但是两者获得的腔内流线结构略有不同，单连

198

通域模型除了在腔体壁面存在两个小旋涡以外,在腔体中央区域有两个对称的涡对。而动边界模型中腔体流线没有中央的对称涡,流体大部分流向激励器喷口,比较两者的流线图可得单连通域模型表现出振动膜的能量一部分从激励器喷口喷出形成射流,另一部分耗散在腔体内的旋涡中,而动边界模型表现出振动膜挤压的大部分流体都从喷口喷出形成射流,造成单连通域模型获得的射流核心区的范围比动边界模型计算得到的小。

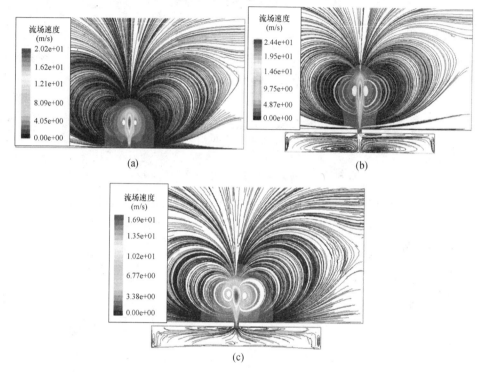

图 7.12　流场局部和腔体内速度流线图($t = T/4$)

（a）出口速度模型;（b）单连通域模型;（c）动边界模型。

从流线图结果分析可得,对激励器腔体和外部流场的联合模拟可以准确得到喷口周围的剪切层卷起形成旋涡,沿喷口向外移动形成喷气状态。动边界模型准确模拟了激励器腔体传递振动膜的运动。

从图 7.13 可以看出三种模型获得的射流流向速度分布并不统一,最大速度位置也不一致,通过分析可得:速度出口型的最大速度为 20.2m/s,出现在 $y = 6.4d$($y = 3.2$mm);单连通域模型获得的最大速度为 24.2m/s,出现在 $y = 9.8d$($y = 4.9$mm);动边界的最大速度为 16.9m/s,出现在 $y = 6.2d$($y = 3.1$mm),动边界模型的流向速度分布与参考文献[156]的试验数据符合较好。从流向速度

199

变化趋势可以看出速度沿流向衰减较快,在 20d 时速度值仅为最大值的 1%,在 30d 时速度几乎为零,说明由射流携带的能量主要耗散在 10d 之前的范围。

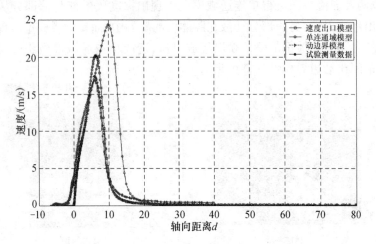

图 7.13 对称轴上的流向速度分布图($t = T/4$)

分析图 7.14 中展向速度可知,三种模型所得合成射流的旋涡对按照轴线对称分布,旋涡能量主要分布在($-10d,10d$)范围内,旋涡中心与对称轴的距离(即最小速度点的横坐标)有微小不同,动边界模型计算的旋涡中心向外推移量较其他两种模型增加了约 12% 的距离,并且旋涡强度也最大。此特性与参考文献[156]试验结果基本一致。

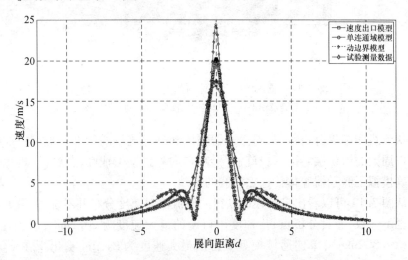

图 7.14 最大速度点处展向速度分布图($t = T/4$)

由以上分析可知:虽然单连通域模型和动边界模型计算得到的喷口速度分布相同(从图7.14中可得),但在激励器喷口周围流向速度分布方面,两种模型所得结果差距较大,动网格模型所捕捉的结果较优。

分析图7.15中动边界模型轴线速度在 $T/4\sim4T/4$ 一个周期内的流向速度分布可知,射流的最大速度点随着时间向下游移动,在合成射流"吹"程和"吸"程的交替中旋涡也向下游运动,在流向速度分布图中出现了双峰值现象。在合成射流前 $T/4$ 周期的"吹"程形成的旋涡对在 $T/4$ 以后仍然向下游运动,说明在"吹"与"吸"转换中流场中存在一个鞍点,旋涡对的自诱导速度能够克服激励器的"吸"气速度。从 $T/4$ 到 $3T/4$ 速度最大值的减小和最大速度点的后移是由于旋涡在运动过程中有能量耗散,同时也是由于激励器处于"吸"程对喷口周围流场的影响。在从 $3T/4$ 到 $4T/4$ 喷口向外"吹"气,同时形成新的旋涡,此时的流线速度分布图中可以明显的看到存在一大一小两个速度峰值。说明动边界模型能够准确模拟合成射流中涡运动的时间历程。

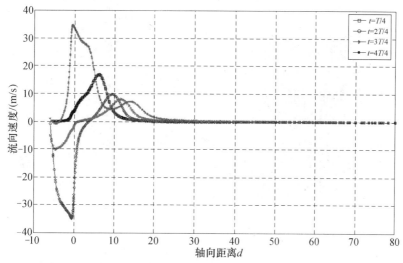

图7.15 动边界模型一个周期内速度分布图

从以上结果分析可知:三种模型在速度模拟方面都可以准确获得合成射流激励器周围流场的速度分布,但流向速度的最大值和出现位置不同,单连通域模型获得了最大的速度值和离喷口最远的出现位置。在激励器腔体内流场模拟方面,动边界模拟具有较大优势,并且可以准确地捕捉到喷口剪切层卷曲形成的涡对和涡对的运动,以及与涡的自诱导运动相关鞍点的存在。

单连通域模型和动边界模型模拟结构在速度大小、旋涡分布与强度方面的差别是由于单连通域模型没有考虑到实际激励器的体积变化率因素,造成在激励器腔体内的流场特性不同,从而引起喷口处壁面的剪切层分布不同,以及由剪切层卷曲形成的旋涡结构和强度也不同[155]。

综合对比研究发现:喷口出口速度模型只能模拟激励器出口外场流动,不能实现合成射流的全流场计算;单连通模型和动边界模型都实现了激励器外流场和腔体流场的联合模拟;动边界模型由于考虑了腔体体积变化率对合成射流器模拟的影响,因此可以获得最准确的计算结果,可以用于合成射流主动流动控制的数值模拟研究。

7.4.2 合成射流控制内埋弹舱流场数值仿真

在上一节研究的基础上应用合成射流动边界模型,在二维条件下对内埋弹舱流场进行控制。研究合成射流对内埋弹舱稳态和动态流场的控制机理。合成射流激励器位于弹舱前缘,整个计算域和合成射流孔附近的网格分布如图 7.16 所示,对射流出口、舱内区域和导弹表面等主要计算区域进行网格加密处理。

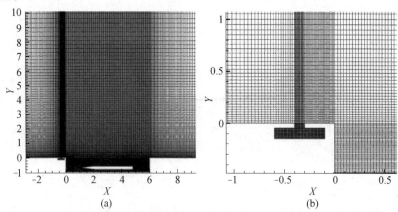

图 7.16 合成射流控制流场计算网格图

选取内埋弹舱长深比为 6、马赫数为 0.6 的试验条件,采用 LES 方法求解二维非定常 N－S 方程,采用的合成射流动边界模型为

$$S(t,x,y) = 0.0002 \times g(x,y)\sin(2\pi \times 500t), g(x,y) = 0.000 - (x^2 + y^2)$$

$$(7.10)$$

根据内埋弹舱流场中涡的产生和脱落频率,使其每个周期内计算大于 200 步,选择时间步长 $\Delta t = 1 \times 10^{-5}$s。

计算得到合成射流控制下计算域的时均流线和合成射流喷口处的详细流线图分别如图 7.17 和图 7.18 所示。

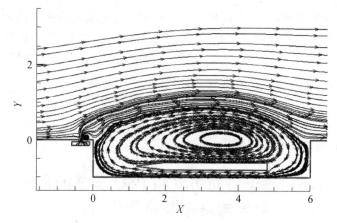

图 7. 17　合成射流控制流场流线图

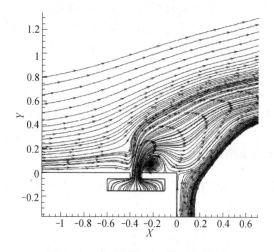

图 7. 18　合成射流喷口附近流线图

　　从整体流线图可以看出,弹舱前缘合成射流施加的扰动影响到了整个计算域,舱口剪切层被抬高,直接跨过了弹舱几乎没有与弹舱壁面的碰撞。弹舱内存在一个大旋涡,导弹被包围在旋涡之中,旋涡的中心位于剪切层与导弹之间。弹舱的流动区域也不再局限于舱口内区域,而是向外增大。

　　结合图 7. 18 分析在合成射流控制下气流的稳态运动。气流沿着弹舱前缘壁面向下游运动,在壁面形成边界层;合成射流在垂直于边界层流动方向与边界层流场相互作用,推高了边界层,由流线可知边界层沿着合成射流形成的流场向上运动;由于合成射流的能量有限,在垂直运动一段距离后跟随外部气流向下游运动,直接跨过弹舱,与舱内气流作用形成剪切层。同时可以观察到在激励器喷口下游存在一个小旋涡,这个流场结构正是由于合成射流的作用机制引起的,并且合成射流的流线并未进入弹舱内,而是与主流一起形成了舱口剪切层。

总体来说,合成射流周期性吹、吸气过程中,孔口气流与弹舱前缘剪切层相互作用,在孔口附近形成一系列旋涡,这些旋涡不断融合并向下游发展,彻底改变了原来剪切层的流场结构,从而达到改善内埋弹舱流场的目的。合成射流对弹舱前缘剪切层的施加一个扰动,如果扰动的能量过小就无法控制整个舱口剪切层的流场,过大又会增加流场的脉动幅度。

7.5 基于协同仿真和 PSO 算法的合成射流流场控制最优化方法

运用数值计算方法研究合成射流对内埋弹舱流场的控制,控制参数的选取是非常关键的。对动边界合成射流模型而言,主要的参数是振动膜边界幅值和振动频率。选择合适的参数组合形成流场的最优控制是主动流动控制的关键问题。

如果通过单纯的数值试验或风洞试验求解合成射流最优流动控制,这将是一个庞大的工作量。本书运用建立的 FLUNET/SIMULINK 协同仿真平台,实现参数自动变化的连续试验。通过运用粒子群优化(PSO)算法,同时建立流场控制的目标函数,快速优化得到流场主动控制的最优解。

7.5.1 PSO 算法分析和流场控制最优化问题建模

合成射流控制流场是通过旋涡之间相互作用完成,气流的黏性效应会导致涡的结构和运动非常复杂,设计的优化变量与目标函数之间存在较强的非线性关系,一般不能准确地用函数表达式表示,并且合成射流结构参数与振动膜的运动参数对射流性能的影响有很强的耦合作用,很难证明合成射流的结构、运动参数优化属于凸集问题,因此合成射流控制内埋弹舱流场问题属于多变量非线性多峰值有约束的优化问题。此外,由于 CFD 数值计算的固有属性会存在计算截断误差,导致在同一优化参数下目标参数可能会有高频波动。针对这类问题采用基于梯度的传统优化算法容易收敛到局部最优解,全局搜索能力较差,往往采用随机搜索算法,因其可以可靠的收敛至全局最优解。PSO 是一种新兴的仿生学算法,因其和遗传算法相似的全局收敛性,但更快得多的收敛速度而备受关注[157]。国际"演化计算会议"(IEEE International Conferences on Evolutionary Computation,CEC)将其列为一个讨论的专题。

PSO 是群体进化算法中的一种,基于微粒群优化算法独特的搜索机制,PSO

算法首先在可行解空间和速度空间随机初始化微粒群,即确定微粒的初始位置和初始速度,其中位置用于表征问题解。在 d 维搜索空间中的第 i 个微粒的位置和速度可分别表示为 $\boldsymbol{X}_i = [x_{i,1}, x_{i,2}, \cdots, x_{i,d}]$ 和 $\boldsymbol{V}_i = [v_{i,1}, v_{i,2}, \cdots, v_{i,d}]$。通过评价各微粒的目标函数,确定 t 时刻每个微粒所经过的最佳位置(pbest) $\boldsymbol{P}_i = [p_{i,1}, p_{i,2}, \cdots p_{i,d}]$ 以及群体所发现的最佳位置 P_g,再按如下公式分别更新各微粒的速度和位置:

$$v_{i,j}(t+1) = \omega v_{i,j}(t) + c_1 r_1 [p_{i,j} - x_{i,j}(t)] + c_2 r_2 [p_{g,j} - x_{i,j}(t)] \quad (7.11)$$
$$x_{i,j}(t+1) = x_{i,j}(t) + v_{i,j}(t+1), j = 1, \cdots, d \quad (7.12)$$

式中: ω 为惯性权因子; c_1、c_2 为正的加速度常数; r_1、r_2 为 0 ~ 1 之间均匀分布的随机数。

从上述更新公式可见,微粒速度更新由三部分完成:微粒当前速度的影响、微粒本身记忆的认知模式的影响和微粒群体信息的社会模式的影响。

PSO 优化算法中微粒位置在每一代的上述更新方式可用图 7.19 来描述。

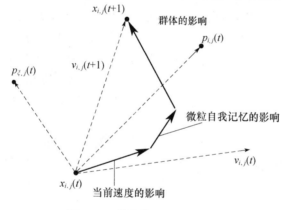

图 7.19　微粒位置更新示意图

本节在 FLUENT/SIMULINK 协同仿真的基础上,利用 FLUENT 软件的并行版本设置多节点并行计算,提高效率。采用 CFD 对内埋弹舱流场进行高精度计算,利用 PSO 算法寻找全局最优解,保证计算精度和计算效率,求解合成射流控制内埋弹舱流场的最优化问题。

选择 7.4 节合成射流模型和内埋弹舱模型进行计算。选择合成射流激励器的振动膜位移 S 为优化对象。具体的优化变量为 $X = [A, f]$,其中 A 为合成射流激励器振动膜的振动幅值,f 为振动频率。根据实际激励器的结构特性,幅值小于空腔高度的 10%。频率小于 2000Hz。

选取在内埋弹舱变化流场中,导弹受到的 Y 轴负方向的升力系数 C_l 和弹舱

后壁面中点的脉动压力值p_s作为流场控制的目标函数。采用加权法,权重系数分别为0.5,建立多目标优化模型:

$$\min \quad F(X) = 0.5 \times C_1(X) + 0.5 \times p_s(X) \qquad (7.13)$$

$$\text{s. t.} \quad 0 \leqslant A \leqslant 0.25$$

$$0 \leqslant f \leqslant 2000$$

$$S(t,x,y) = Ag(x,y)\sin(2\pi ft)$$

$$g(x,y) = 0.0001 - (x^2 + y^2)$$

7.5.2 PSO算法改进和仿真计算

根据建立的优化模型,运用PSO算法和协同仿真进行计算。在本书情况下,约束条件下合成射流参数的总组合就是全局搜索域,幅值以0.01mm间隔变化,频率以10Hz间隔变化。各个粒子根据目标函数用PSO算法的更新公式进行搜索,计算流程如图7.20所示。

根据以上方法可以计算在不同来流马赫数条件下合成射流控制导弹和弹舱流场最优参数组合。为了改善在进化过程中特别是进化后期由于粒子多样性不足,而易使收敛速度变慢;同时算法收敛到一定精度时无法继续优化,使算法所能达到的精度较差等不足。本书采用自适应学习策略的多邻域搜索,利用Meta-Lamarckian学习策略,从多个领域结构中自适应选择最适于当前搜索的一个结构来实施局部搜索。

大量研究表明,模拟退火算法可有效地避免搜索过程陷入局部极小解。因此,将基于模拟退火策略执行自适应Meta – Lamarckian学习策略下的对邻域局部搜索,以避免算法早熟收敛[158]。

具体步骤描述如下:

(1) 采用n种不同的领域结构,对群体的最佳位置gbest分别在初始温度下同步进行$n(n-1)$步基于模拟退火策略的局部搜索。

(2) 记gbest位置实施局部搜索前的目标值为pf,采用第i个领域结构实施局部搜索过程中获得最佳目标值为cf_i,则每i种邻域结构的奖励值η_i按下式计算,即

$$\eta_i = (\text{pf} - \text{cf}_i)/[n(n-1)] \qquad (7.14)$$

(3) 根据奖励值η_i,按下式计算每一个邻域结构的选择概率p_{ut},即

$$p_{\text{ut},i} = \eta_i \Big/ \sum_{j=1}^{K} \eta_j \qquad (7.15)$$

式中:K为邻域结构总数。

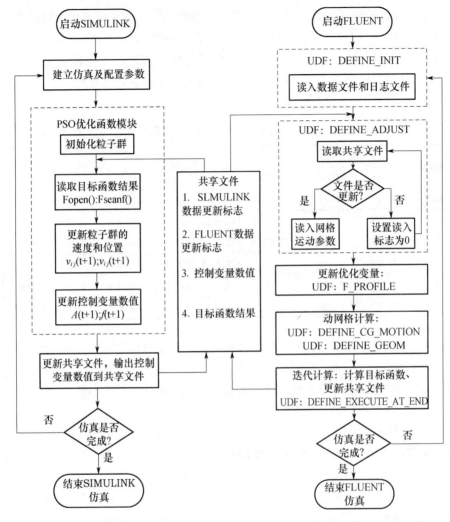

图 7.20 基于协同仿真和 PSO 算法最优化仿真流程图

（4）基于选择概率 p_{ut}，采用轮盘赌选择策略随机确定一个结构，然后对群体的最佳位置在当前温度下进行 $n(n-1)$ 步基于模拟退火策略的局部搜索。

（5）若步骤(4)选中的是第 i 个领域结构，则将其奖励值更新为 $\eta_i = \eta_i + \Delta\eta_i$，其中 $\Delta\eta_i$ 代表采用领域结构在步骤（4）获得的奖励值，计算公式如式(7.14)。

由于多种领域结构按其贡献自适应地被融合使用，不仅丰富了搜索方式，而且有助于算法使用合适的结构实施局部搜索，使得群体的最佳位置得以进一步改善。同时，由于该环节仅对群体的最佳位置实施局部搜索，计算量并不大。

运用改进的粒子群算法,计算了来流马赫数从 0.3~0.8 每隔 0.1 间隔变化情况下的最优控制效果和合成射流参数见表 7.1 所列。

其中脉动压力 p_s 的值在 SIMULINK 中通过快速傅里叶变换转化为声压谱密度值,并最终转化为声压级值。有控情况与无控情况下对应参数比较,采用有控结果与无控结果之差和无控结果的比值来表示。

表 7.1 合成射流主动控制结果对比

马赫数	C_1			p_s/dB			A/mm	f/Hz
	无控	有控	效果	无控	有控	效果		
0.3	0.165	0.137	−16.9%	140.3	115.3	−17.8%	0.10	450
0.4	0.198	0.169	−14.8%	148.6	124.7	−16.1%	0.13	720
0.5	0.239	0.210	−12.3%	152.7	131.9	−13.6%	0.18	980
0.6	0.269	0.243	−9.6%	157.2	138.3	−12.0%	0.20	1270
0.7	0.278	0.254	−8.7%	161.5	144.7	−10.4%	0.23	1530
0.8	0.283	0.260	−8.1%	163.8	147.7	−9.8%	0.24	1360

分析表中数据可得:运用协同仿真和改进 PSO 算法可以有效解决合成射流最优流动控制问题;通过控制可有效减小导弹升力系数和压力脉动,这对机弹安全十分有利;外部流动马赫数增大控制效果减弱,升力系数减小量从 16.9% 降低为 8.1%,脉动压力减小量则从 17.8% 降低为 9.8%。

合成射流对高速气流的控制效果不明显,随着外部流动马赫数增大为了达到最优控制效果,射流激励器的振动幅值不断增大,几乎达到最大幅值,而振动频率先增大后逐渐平稳。分析原因可能是:振幅增大可以对主流施加更强的能量扰动作用,振动频率增大可以加快射流与剪切层的能量交换频率,这些对于在较低马赫数来流条件下是控制的主导作用机制,但随着马赫数接近跨声速,外部气流能量增强,雷诺数增大,合成射流对其扰动只能增大作用能量(即增大振动幅值),延长作用时间(即减小振动频率)。

7.6 小 结

本章对实现导弹内埋发射初始弹道控制和流场主动控制最优化的仿真方法进行研究,主要工作和结论如下:

(1)分别运用 FLUENT 的 Journal 文件和 SIMULINK 的 M 函数读写共享数据的方式,建立了 FLUENT/SIMULINK 并行协同仿真平台,把控制系统作用引入

208

到流场解算中。提出了基于协同仿真平台的初始弹道控制仿真方法,并对仿真方法的可行性进行了验证。

(2) 研究了合成射流对内埋弹舱流场的主动控制。总结了合成射流数值计算的三种模型:速度出口模型、单连通域模型和动边界模型。对比研究了三种模型模拟合成射流的优、缺点。运用动边界模型研究得到合成射流的流场控制机理是:射流出口气流与弹舱前缘剪切层相互作用,在出口附近形成一系列旋涡,这些旋涡不断融合并向下游发展,彻底改变了原来剪切层的流场结构,从而实现对内埋弹舱流场的控制。

(3) 提出了基于协同仿真平台和 PSO 算法的合成射流主动流动控制最优化方法。其流程是:选择导弹升力系数和弹舱脉动压力的加权组合为目标函数,选择合成射流激励器振动幅值和频率为优化变量,构建了最优化模型,运用 PSO 算法求解最优化模型,并通过协同仿真平台把优化变量传递给 FLUENT 进行流场解算。并通过仿真验证了方法的可行性。

本章的研究结果可以为导弹内埋发射初始弹道控制数值计算和流场主动控制最优化数值计算提供仿真方法。

参 考 文 献

[1] 王群. 无人作战飞机的特点和未来发展[J]. 国防科技. 2011,266(1):23-28.

[2] 翁兴伟. 复合制导 UCAV 综合火力与飞行控制关键技术研究[D]. 空军工程大学:博士学位论文, 2009,3.

[3] 丁达理,黄长强. 无人机加装航枪武器系统关键技术研究[J]. 2008 中国无人机峰会,2008.

[4] 荣毅超,任宏光,刘颖. 关于无人机武器装备的思考[J]. 航空兵器. 2008,1(2):3-6.

[5] 赵辉. UCAV 复合制导关键技术研究[D]. 西安:空军工程大学,2011,4.

[6] 傅裕松. 有人机-无人机群协同空战研究[D]. 西安:空军工程大学,2011,4.

[7] 翁兴伟,姚淑微,黄长强. 电视制导无人攻击机垂直命中目标毁伤概率分析[J]. 火力与指挥控制,2009.

[8] 黄长强,丁达理,王浩. 导航精度对某型电视制导无人攻击机攻角性能影响研究[J]. 火力与指挥控制,2008.

[9] UNMANED AIRCRAFT SYSTEM ROADMAP 2005-2030. Office of the Secretary of Defense,USA.

[10] 张蕾. 国外无人机发展趋势及关键技术[J]. 电视技术,2009,49(7):88-92.

[11] 杨黎峰. 从美军亚太部署"全球鹰"透视未来无人机战场[J]. 地面防空武器,2005.4:44-46.

[12] 唐文超,高智. 敢死先锋国外作战型无人机发展历史及现状[J]. 现代兵器,2009,10:24-33.

[13] 荣毅超,任宏光,刘颖. 关于无人机武器装备的思考[J]. 航空兵器,2008,1(2):3-6.

[14] 柴水萍. MQ-9"死神"无人机[J]. 现代军事,2008,9.

[15] 徐立东,仲永龙. 从侦察到猎杀—美军无人作战飞机要览[J]. 环球军事,2013,12.

[16] 徐德康. X-47B 生产型亮相[J]. 国际航空杂志,2009,2:33-36.

[17] 詹光,刘艳华. 飞翼布局在无人侦察作战飞机上的应用探讨[J]. 飞机设计,2007,27(5):7-11.

[18] 刘瑜. 内埋式弹舱武器发射分离过程研究[D]. 南京:南京航空航天大学,2010,12.

[19] 叶文,李海军,李相民,等. 航空武器系统分析[M]. 北京:国防工业出版社,2012.

[20] 风洞试验手册. [M]. 北京:航空工业出版社,2002,12.

[21] 朱自强,成迎春,王晓路,等. 现代飞机的空气动力设计[M]. 北京:国防工业出版社,2012.

[22] Henderson J,Badcock K,Richards B E. Subsonic Transonic Transitional Cavity Flows[R]. AIAA Paper 2000-1966,2000.

[23] Robert L. Stallings, Floyd J. Wilcox. Experimental Cavity Pressure Distributions at Supersonic Speeds [J]. NASA Technical, 1987:2683.

[24] Lawrence Ukeiley, Nathan Murray. Velocity and Surface Pressure Measurements in an Open Cavity [J]. Experiments in Fluids, 2005, 38:656-671.

[25] Plentovich E B,Stallings Robert L,Tracy M B. Experimental Cavity Pressure Measurements at Subsonic and Transonic Speeds. NASA Technical Paper-3358,1993.

[26] 张林. 高速风洞弹舱流场气动声学特性试验研究[D]. 长沙:国防科学技术大学,2006,11.

[27] 吴继飞,罗新福,范召林. 亚、跨、超声速下空腔流场特性实验研究[J]. 实验流体力学, 2008,22 (1):71 – 75.

[28] McDearmon, Russell W. Investigation of the Flow in a Rectangular Cavity in a Flat Plate at a Mach Number of 3.55. NASA TN D – 523,1960.

[29] Sinha N, Arunajatesan S, Shipman J. High Fidelity Simulation and Measurements of Aircraft Weapons Bay Dynamics. AIAA Paper, 2001, 2125.

[30] Bidur Khanal, Kevin Knowles, Alistair Saddington. Computaional Study of Cavity Flowfield at Transonic Speeds. AIAA 2009 – 701.

[31] Robert Murray, Gregory S. Elliott. The Compressible Shear Layer Over a Two – Dimensional Cavity. AIAA Paper, 1997, 0855 – 0909.

[32] Zhang J, Morishita E, Okunuki T. Experimental and Computational Investigation of Supersonic Cavity Flows. AIAA Paper, 2001,1755.

[33] 陈龙,伍贻兆,夏健. 基于 DES 的高雷诺数空腔噪声数值模拟[J]. 计算力学学报, 2011,28(5): 749 – 753.

[34] 马明生,张培红,邓有奇,等. 超声速空腔流动数值模拟研究[J]. 空气动力学学报, 2008, 26(3): 389 – 393.

[35] 阎超. 计算流体力学方法及应用[M]. 北京:北京航空航天大学出版社,2006.

[36] Versteeg H K, Malalasekera W. An Introduction to Computational Fluid Dynamics:The Finite Volume Method[M]. Wiley, New York, 1995.

[37] Wicox D C. Turbulence Modeling for CFD[M]. ISBN 1 – 928729 – 10 – X, 2nd Ed, DCW Industries , Inc, 2004.

[38] 王福军. 计算流体动力学分析—CFD 软件原理与应用[M]. 北京:清华大学出版社,2004.

[39] Cook P H, McDonald M A, Firmin M C P. Aerofoil RAE2822: Pressure Distributions and Boundary Layer and Wake Measurements, Experimental Data Base for Computer Program Assessment[R]. AGARD Report AR 138, 1979.

[40] Schmitt V, Charpin F. Pressure Distributions on the ONERA – M6 – Wing at Transonic Mach Numbers, Experimental Data Base for Computer Program Assessment [R]. Report of the Fluid Dynamics Panel Working Grou P04, AGARD AR 138, May 1979.

[41] Boelens, M. Laban, C. M. van Beek. Accurate Computation of Drag for a Wing/Body Configuration using Multi – block, Structured – grid CFD Technology[R]. NLR – TP – 2001 – 321.

[42] 张林. 高速风洞弹舱流场气动声学特性试验研究[D]. 长沙:国防科学技术大学,2006,11.

[43] Shealaev V, Fedorov A, Malmuth ND. Dyanmics of Slender Bodies Separating from Rectangular Cavities. AIAA Journal 2002,40(3):517 – 525.

[44] Debashis Sahoo, Anuradha Annaswamy, Farrukh Alvi. Active Store Trajectory Control in Supersonic Cavities Using Microjets and Low – Order Modeling[J]. AIAA Journal. 2007,45(3):516 – 531.

[45] Bower W W, Kibens V, Cary A W. High – Frequency Excitation Active Flow Control for High – Speed Weapon Release(HIFEX). AIAA 2004 – 2513.

[46] Robert L. Stallings, Forrest Dana K. Separation Characteristics of Internally Carried Stores at Supersonic Speeds [J]. NASA Technical, 1990, 2993.

[47] 吴子牛,等. 空气动力学[M]. 北京:清华大学出版社, 2007.

[48] Cole J D. Perturbation Methods in Applied Mathematics. Waltham Massachusetts, 1968.

[49] Vasin A D. Application of the Slender Body Theory to Investigation of the Developed Axially Symmetric Cavitation Flows in a Subsonic Stream of Compressible Fluid. International J. Fluid Mech. Res. 2001,28 (5):113 – 147.

[50] Cole J D, Cook L D. Transonic Aerodynamics. Elsevier Science Publisher B. V. 1986.

[51] Bower W W, Kibens V, Cary A W. High – Frequency Excitation Active Flow Control for High – Speed Weapon Release(HIFEX). AIAA 2004 – 2513.

[52] 程仁全, 周东轩. 外挂物风洞投放实验技术研究[J]. 气动实验与测量控制, 1989,3(1):31 – 37.

[53] Johnson Rudy A, Stanek Michael J, Grove James E. Store Separation Trajectory Deviation Due to Unsteady Weapons Bay Aerodynamics. AIAA 2008 – 188.

[54] 郑浩. 外挂物分离特性研究技术的发展与现状[J]. 江苏航空, 2006.4:34 – 37.

[55] Ji Hong Kim, Chang Hyeon Sohn, Ilwoo Lee. T – 50/A – 50 FSD Separation Program [R]. AIAA 2006 – 6000.

[56] Doyle T. Veazey. Current AEDC Weapons Separation Testing and Analysis to Support Flight Testing. AIAA 2004 – 6847.

[57] Ray, E. CFD Applied to Separation of SLAM – ER From the S – 3B. AIAA 2003 – 4226.

[58] Sickles W L, Hand T L, Morgret C H. High – Fidelity Time Accurate CFD Store Separation Simulations from a B – 1B1 Bay with Comparisons to Quasi – Steady Engineering Methods. AIAA 2008 – 186.

[59] Udo Tremel, Stephan M. Hitzel. JDAM – Store Separation from an F/A – 18C – An Application of the Multidisciplinary SimServer – System. AIAA 2005 – 5222.

[60] Robert F. Tomaro, Frank C. Witzeman, William Z. Strang. Simulation of Store Separation for the F/A – 18C Using Cobalt. Journal of Aircraft, 2000,37(3):361 – 367.

[61] Christopher A. Atwood. Computation of a Controlled Store Separation from a Cavity. AIAA 1994 – 1651 AIAA 32nd Aerospace Sciences Meeting and Exhibit January 10 – 13,1994, Reno, NV.

[62] Mark E. Smith, Scott Schwimley. X – 45A Small Smart Bomb Separation Analysis. AIAA 2006 – 827.

[63] 车竞, 唐硕, 谢长强. 空射导弹发射初始弹道数值仿真[J]. 空气动力学学报, 2006,24(2): 205 – 208.

[64] 黄冬梅. 某型号制导航弹气动外形设计及机弹分离气动特性研究[D]. 杭州:浙江大学, 2006,4.

[65] 刘瑜. 内埋式弹舱武器发射分离过程研究[D]. 南京:南京航空航天大学,2010,12.

[66] 王巍. 导弹内埋气动特性研究与仿真[D]. 哈尔滨:哈尔滨工程大学,2011,3.

[67] 达兴亚, 陶洋, 赵忠良. 基于预估校正和嵌套网格的虚拟飞行数值模拟[J]. 航空学报. 2012,33 (6):977 – 983.

[68] Nichols R H, Denny A G. Numerical Simulation of a Store in Controlled Separation. AIAA 99 – 3128.

[69] Sickles W L, Hand T L, Morgret C H. High – Fidelity Time Accurate CFD Store Separation Simulations from a B – 1B1 Bay with Comparisons to Quasi – Steady Engineering Methods. AIAA 2008 – 186.

[70] Udo Tremel, Stephan M. Hitzel. JDAM – Store Separation from an F/A – 18C – An Application of the Multidisciplinary SimServer – System. AIAA 2005 – 5222.

[71] 阎超. 计算流体力学方法及应用[M]. 北京:北京航空航天大学出版社,2006.

[72] Nichols R H, Denny A G. Numerical Simulation of a Store in Controlled Separation. AIAA 99 – 3128.

[73] 李新国, 方群. 有翼导弹飞行动力学[M]. 西安:西北工业大学出版社,2005.

[74] Charbel Farhat, Kristoffer G. van der Zee. Provably Second – order Time – Accurate Loosely – Coupled Solution Algorithms for Transient Nonlinear Computational Aeroelasticity[J]. Comput. Methods Appl. Mech. Engrg, 195(2006)1973 – 2001.

[75] Fluent Inc. FLUENT 6.2 UDF Manual[K]. Lebanon, USA: Fluent Inc. ,2005:1.12 – 1.14.

[76] 王福军. 计算流体动力学分析—CFD 软件原理与应用[M]. 北京:清华大学出版社,2004.

[77] Elias E Panagiotopoulos, Spyridon D. Kyparissis. CFD Transonic Store Separation Trajectory Predictions with Comparison to Wind Tunel Investigarions[J]. Inernational Journal of Engineering, vol(3):issue 6: 538 – 553.

[78] 高旭东,武晓松,鞠玉涛. 机弹相容非定常流场的数值模拟[J]. 弹道学报,2001,13(1):10 – 15.

[79] 徐强,李军. 燃气射流起始冲击波形成机理的试验研究[J]. 推进技术,2000,21(3):16 – 18.

[80] 姜毅,张晓琳,刘琪. 机载导弹发射时燃气流场的数值模拟[J]. 弹箭与制导学报,2002,22(3):42 – 46.

[81] 李军,曹从咏,徐强. 固体火箭燃气射流近场形成与发展的数值模拟[J]. 推进技术,2003,24(5): 410 – 413.

[82] 王革,徐文奇,郜冶. 两相冲击射流对垂直挡板冲蚀的研究[J]. 弹道学报,2009,21(2).

[83] 周力行. 多相湍流反应流体力学. 北京:国防工业出版社,2002.

[84] 张政,谢灼利. 流体 - 固体两相流的数值模拟. 化工学报,2001(1):1 – 11.

[85] 李东霞,徐旭,蔡国飘,等. 火箭发动机气体 - 颗粒两相双流体模型研究. 固体火箭技术,2005(4): 238 – 243.

[86] 淡林鹏,张振鹏,赵永忠,等. 长尾喷管中粒子运动轨迹的数值模拟. 航空动力学报,2003(2): 258 – 263.

[87] 傅德彬,姜毅. 燃气射流气固两相数值模拟与颗粒冲刷分析. 弹箭与制导学报,2004(1):63 – 66.

[88] 傅德彬,姜毅,袁增凤. 燃气射流气固两相流场研究[J]. 北京理工大学学报,2004(5):387 – 391.

[89] 刘静,徐旭. 随机轨道模型在喷管两相流计算中的应用[J]. 固体火箭技术,2006(5):333 – 337.

[90] 方丁酉. 两相流动力学[M]. 长沙:国防科技大学出版社,1988.

[91] 徐文奇. 垂直发射装置中燃气两相冲击流场数值研究[D]. 哈尔滨:哈尔滨工程大学,2007,6.

[92] 候晓,何洪庆,蔡体敏,等.固体火箭喷管颗粒尺寸分级两相跨音速流场计算[J].固体火箭技术, 1991(1):1 – 8.

[93] 王松柏.固体火箭喷管排气中的粒子分布[J].航空学报,1990(12):606 – 609.

[94] 张明信,王国志,魏剑维,等.影响 Al_2O_3 凝相尺寸分布的因素.推进技术,2001(3):251 – 25.

[95] Dix R R,Bauer R C. Experimental and Predicted Acoustic Amplitudes in a Rectangular Cavity, AIAA Paper, 2000, 0472.

[96] Kaufman L G, Maciulaitis A, Clark R L. Mach 0.6 to 3.0 Flows Over Rectangular Cavities, AFWAL – TR – 82 – 3112, U. S. Air Force, 1983, 5.

[97] Rossiter J E. Wind Tunnel Experiments of the Flow Over Rectangular Cavities at Subsonic and Transonic Speeds, ARCR&M – 3458, 1964.

[98] Heller H H, Bliss D B. Aerodynamically Induced Pressure Oscillations In Cavities, Physical Mechanisms and Suppression Concepts, AFFDL – TR – 74 – 133,1975.

[99] Shaw L, Clart R, Talmadage D. F – 111 Generic Weapons Bay Acoustic Environment. Journal of Aircraft, 1988,2(2):147 – 153.

213

[100] 杨党国,范召林,李建强,等. 超声速空腔流激振荡与声学特性研究[J]. 航空动力学报,2010,25 (7):1567 – 1572.

[101] 张楠,沈泓萃, 姚惠之,等. 孔穴流激噪声的计算与验证研究[J]. 船舶力学,2008,12(5): 799 – 805.

[102] 李晓东,刘靖东, 高军辉. 空腔流激振荡发声的数值模拟研究[J]. 力学学报,2006, 38(5): 599 – 604.

[103] 杨党国. 内埋武器舱气动声学特性与噪声抑制研究[D]. 中国空气动力研究与发展中心,2010,3.

[104] Pereira J C. Experimental and Numerical Investigation of Flow Oscillations in a Rectangular Cavity, Transitions of ASM, vol. 177, March 1995.

[105] Kaufman L G,Maciulaitis A, Clark R L. Mach 0. 6 to 3. 0 Flows over Rectangular Cavities, AFWAL – TR – 82 – 3112, U. S. Air Force, May 1983.

[106] Rossiter J E. Wind Tunnel Experiments of the Flow Over Rectangular Cavities at Subsonic and Transonic Speeds, ARCR&M – 3458, 1964.

[107] Zhang Xin, Edwards John A. An Investigation of Supersonic Oscillatory Cavity Flows Driven by Thick Shear Layer[J]. Aeronautical Journal , 1990,12:355 – 364.

[108] Germano M,Piomelli U,Moin P,Cabot W H. A dynamic subgrid – scale eddy viscosity model[J]. Phys. Fluids,1991,A3(7):1760 – 1765.

[109] Lilly D K. A proposed modification of the Germano Subgrid – scale closure method[J]. Phys. Fluids, 1992,A4(3):633 – 635.

[110] Seror C,Sagaut P,Bailly C,Juv' e D. Subgrid – scale contribution to noise production in decaying isotropic turbulence[J]. AIAA J,2000,38(10):1795 – 1803.

[111] Seror C,Sagaut P,Bailly C,Juv' e D. On the radiated noise computed by large eddy simulation[J]. Phys. Fluids,2001,13(2):476 – 487.

[112] He G W,Rubinstein R,Wang L P. Effects of subgrid scale modeling on time correlations in large eddy simulation[J]. Phys. Fluids,2002,14(7):2186 – 2193.

[113] He G W,Wang M,Lele S K. On the computation of space – time correlations by large – eddy simulation [J]. Phys. Fluids,2004,16(11):3859 – 3867.

[114] Wang Meng,Freund J B,Lele S K. Computational prediction of flow – generated sound[J]. Annu. Rev. Fluid Mech. ,2006,38:483 – 512.

[115] Wang M,Moin P. Computation of trailing – edge flow and noise using large eddy simulation[J]. AIAA J, 2000,38(12):2201 – 2209.

[116] Wang M,Moreau S,Iaccarino G,Roger M. LES prediction of pressure fluctuations on a low – speed airfoil. Annu[Z]. Res. Briefs,Cent. Turbul. Res. ,Stanford Univ. /NASA Ames,Stanford,CA,2004:183 – 193.

[117] Roshko A. Some measurements of flows in a rectangular cutout[K]. NACA TN 3488,1955.

[118] Rossiter J E. Wind tunnel experiments on the flow over rectangular cavities at subsonic and transonic speeds[R]. Rep. Mem. 3438,Aeronautical Research Council,1964.

[119] Jonas Ask,Lars Davidson,Hans Enwald,Johan Larsson. An acoustic analogy applied to incompressible flow fields[C]//Computational Aeroacoustics:From Acoustic Sources Modeling to Far – Field Radiated Noise Prediction Colloquium EU – ROMECH 449, December 9 – 12, 2003. Chamonix, France,2003.

[120] Loh Ching Y. Computation of low speed cavity noise[C]//42nd Aerospace Sciences Meeting and Exhibit

sponsored by theAmerican Institute of Aeronautics and Astronautics Reno. Nevada, January 5 – 8, 2004. (AIAA – 2004 – 0680)

[121] Peng Shiahui. Unsteady RANS simulation of turbulent cavity flow：Summary of 2D baseline computations [R]. SwedishDefence Research Agency. FOI – R – 1915 – SE, Technical report, December 2005.

[122] Larcheveque L, Sagaut P, Le T H. Large – eddy simulations of flows in weapon bays[G]. AIAA Paper 2003 – 0778, 2003.

[123] Lai H, Luo K H. Large – eddy simulation and control of cavity aeroacoustics[C]//Conference on Turbulence and Interac – tions TI2006, May 29 – June 2, 2006. Porquerolles, France, 2006.

[124] Chen Xiaoxian, Sandham Neil D, Zhang Xin. Cavity Flow Noise Predictions[R]. University of Southampton, Report No. AFM – 07/05, 2007.

[125] 孙晓峰, 周盛. 气动声学[M]. 北京：国防工业出版社, 1992.

[126] Ffowcs Williams, Hawkings. D. L. Sound Generation by Turbulence and Surfaces in Arbitrary Motion [J]. Proc. Roy. Soc. London, 1969, : 321 – 342.

[127] A. Galperin, S A. Orszag. Large Eddy Simulation of Complex Engineering and Geophysical Flows. Cambridge University Press, 1993.

[128] 杨党国. 内埋武器舱气动声学特性与噪声抑制研究[D]. 中国空气动力研究与发展中心, 2010, 3.

[129] Christopher A. Atwood. Computation of a Controlled Missile Separation from a Weapon Bay. Journal of Aircraft 1995, 32(4): 846 – 852.

[130] Nichols R H, Denny A G. Numerical Simulation of a Store in Controlled Separation. AIAA 99 – 3128.

[131] Hallberg E, Ray, Fitzwater R. Store Separation Trajectory Simulation for the High Speed Anti – radiation Demonstrator(HSAD) Program. AIAA 2006 – 460.

[132] 谢海斌, 张代兵, 沈林成. 基于 MATLAB/SIMULINK 与 FLUENT 的协同仿真方法研究[J]. 系统仿真学报, 2007, 19(4): 1824 – 1827.

[133] 鲍文, 李伟鹏, 常军涛, 等. 基于 FLUENT/MATLAB 接口的分布参数系统闭环控制仿真[J]. 系统仿真学报, 2008, 20(11): 2851 – 2854.

[134] Bower W W, Kibens V, Cary A W. High – Frequency Excitation Active Flow Control for High – Speed Weapon Release(HIFEX). AIAA 2004 – 2513.

[135] Brian R. Smith, Tracy J. Welterlen. Weapon Bay Acoustic Suppression From Rod Spoilers. AIAA 2002 – 0662.

[136] Chingwei M. Shieh, Phili PJ. Morris. Comparison of Two – and – Three Dimensional Turbulent Cavity Flows. AIAA 2001 – 0511.

[137] 冯强, 催晓春. 飞翼布局飞机武器舱综合流动控制技术研究[J]. 航空学报, 2012, 33(5): 781 – 787.

[138] Shekhar Sarpotdar, Praveen Panickar, Ganesh Raman. Cavity Tone Suppression Using a Rod in Cross Flow – Investigation of Shear Layer Stability Mechanism. AIAA 2009 – 700.

[139] Youngki Lee, Toshiaki Setoguchi. Passive Control Techniques to Alleviate Supersonic Cavity Flow Oscillation[J]. Journal of Propulsion and Power. 2008, 24(4): 697 – 703.

[140] 吴继飞, 罗新福, 范召林. 内埋式弹舱流场特性及武器分离特性改进措施. 航空学报, 2009, 30(10): 1840 – 1845.

[141] Grove J E, Birkbeck R M, Kreher J M. Acoustic and Separation Characteristics with Bay Leading Edge

Blowing. AIAA 2000 – 1904.

[142] Lazar E,Elliott G,Glumac N. Control of the Shear Layer Above a Supersonic Cavity Using Energy Deposition[J]. AIAA Journal. 2008,46(12):2987 – 2997.

[143] Lawrence Ukeiley, Bernard Jansen. Control of Pressure Loads in Geometrically Complex Cavities[J]. Journal of Aircraft. 2008,45(3):1014 – 1024.

[144] Shanying Zhang, Shan Zhong. Turbulent Flow Separation Contorl over a Two – Dimensional Ramp Using Synthetic Jets[J]. AIAA Journal, 2011,49(12):2637 – 2649.

[145] 杨党国,吴继飞,罗新福. 零质量射流对开式空腔气动噪声抑制效果分析[J]. 航空学报,2011,32(6):1007 – 1014.

[146] 贺明艳,周苏,黄自萍,等. 基于 SIMULINK/FLUENT 的 PEMFC 系统的协同仿真[J]. 系统仿真学报,2011,23(1):38 – 43.

[147] Fluent Inc. FLUENT 6.2 UDF Manual[K]. Lebanon, USA:Fluent Inc.,2005:1.12 – 1.14.

[148] 唐上钦,黄长强,雍明远. 基于 FLUENT/SIMULINK 的导弹内埋发射协同仿真[J]. 电光与控制,2013,20(3):69 – 72.

[149] 毕开波,王晓东,刘智平. 飞行器制导与控制及其 MATLAB 仿真技术[M]. 北京:国防工业出版社,2009.

[150] Smith B L,Swift G W. Comparison Between Synthetic Jets and Continuous Jet [J]. Experiments in Fluids, 2003,34:467 – 472.

[151] Zhang P F, Wang J J, Feng L H. Reviews of Zero – net – mass – flux Jet and Its Application in Separation Flow Control[J]. Science In China E,2008:1315 – 1344.

[152] Kral L D, Donovan J F, Cain A B, et al. Numerical simulation of synthetic jet actuators[C]. AIAA Paper 97 – 1824 1997.

[153] Lee C Y, Goldstein D B. Two – dimensional synthetic jet simulation[J]. AIAA Journal, 2002,40(3):510 – 516.

[154] Shang Qin – tang. Chang Qiang – huang. Comparative Study of Synthetic Jet Numerical Simulation Methods[C]. 2012 International Conference on Applied Mechanics and Materials. 2012,11:486 – 490.

[155] 唐上钦,黄长强. 合成射流数值模拟方法对比研究[J]. 空军工程大学学报(自然科学版),2013,14(2):1 – 4.

[156] 罗振兵. 合成射流/合成双射流机理及其在射流矢量控制和微泵中的应用研究[D]. 长沙:国防科学技术大学,2006.

[157] 张敏慧. 改进的粒子群计算智能算法及其多目标优化的应用研究[D]. 杭州:浙江大学,2005,3.

[158] 唐上钦,黄长强,胡杰,等. 基于威胁等效和改进 PSO 算法的 UCAV 实时航路规划方法[J]. 系统工程与电子技术,2010,32(8):1706 – 1710.